KB213185

패션은 무엇을 할 수 있는가

김희량
지음

패션은 무엇을 할 수 있는가

젠더•퀴어•소수자•환경
패션으로 하는 질문들

산지니

프롤로그

패션은 언제나 선두에 있어야 한다. 패션의 동의어는 '유행'으로, 트렌드를 의미하기 때문에 패션은 늘 변화에 기민하게 움직인다. 앞서가지 않으면 뒤처지는 분야. 어떤 분야보다 빠르게 세상의 변화를 낚아채고 소화하며 선두주자로서 자리매김하는 것이 바로 '패션'이다. 여기서 '세상의 변화'란 스타일만 의미하지 않는다. 사람들의 취향, 의식, 지향점 등 세상을 구성하는 무수한 요소를 모두 포함한다. 패션은 단순히 옷을 입는 행위 그 이상이기 때문이다. 그래서 패션의 흐름은 세상의 흐름과 닮아 있다. 패션을 두고 '사회를 비추는 거울'[1]이라고도 하는데, 패션을 요모조모 뜯어보면 이만큼 세상의 모습을 고스란히 담고 있는 현상도 없다.

나는 양면성을 끌어안고 있는 패션에 흥미를 느껴 글을 쓰기 시작했다. 패션은 양립할 수 없는 특징을 동시에 끌어안고 있다. 다른 사람을 따라 하고 싶으면서도 구별되고 싶은 마음을 모두 담고 있고, 개인적인 동시에 사회적이고, 전통적인 관습과 질서를 따르면서도 이에 정면으로 반박하는 움직임을 보인다. 럭셔리 패션 브랜드는 고고한 지위를 유지해야 하지만 돈을 벌기 위해서는 대중의 접근을 넓혀야 한다. 패션 산업은 다양성을 추구하는 동시에 다양성을 제한하기도 하고, 지속가능성을 추구하면서도 지속가능성을 이루는 데 철저히 실패하기도 한다. 탠시 E. 호스킨스는 『런웨이 위의 자본주의』에서 이렇게 말한다.

> "패션은 억압적인 동시에 해방적일 수 있고, 영예로운 동시에 끔찍할 수 있고, 혁명적인 동시에 반동적일 수 있다. 모든 문화가 그렇듯, 그리고 모든 사회적 현실이 그렇듯 패션은 모순을 타고났다."[2]

이 역설들에 대해 선악을 평가할 수는 없지만, 어떤 대상의 이면과 현실을 알아차리는 데에는 도움이 된다. 긍정적이라 여겼던 것에도 그림자는 있고, 부정적이라 여겼던 것에도 밝은 면이 있다. 대립하는 특징이 동시에 나타나는 그 모습은 결국 세상의 모습을 반영한다. 우리는 명확히 구분할 수 없는 세상에 살고 있고, 무엇도 한 가지 특징만을 지니지 않는다. 복잡하고, 중첩되고, 뒤섞이고, 모순적인 상태야말로 우리의 본질이다. 패션은 역설과 모순을 끌어안고 있는 '현실' 그 자체를 보여준다.

이 책은 패션이 안고 있는 입체적인 사실들에 주목했다. 패션을 통해 표면에서 이면을 끄집어내어 분열되는 현상을 설명하고자 했다. 그리고 질문을 던졌다. 패션의 문제는 곧 세상의 문제이기 때문에, 이 책에서 던지는 질문들은 우리가 직면한 사회 문제를 어떻게 생각하고 개선할 것인지에 대한 논의로도 연결된다.

책의 제목은 '패션'으로 명시했지만, 책에서 다루는 내용은 패션뿐만 아니라 복식, 의복, 의상, 의류의 개념을 모두 포괄한다. 특히 복식의 개념을 소개하고 싶은데, 몸을 꾸미고 장식하는 모든 방식을 아우르는 개념으로 몸에 걸치는 옷이나 액세서리뿐만 아니라 타투, 염색, 심지어는 성형이나 다이어트처럼 몸을 변형하는 행위도 포함한다.[3] 패션과 복식은 밀접한 관련이 있고, 우리의 몸과 사회를 매개하는 개념들이다. 따라서 이 책은 유행과 트렌드로서의 패션에 주목하는 동시에 사람들이 몸을 장식하는 모든 방식을 복합적으로 다루기도 하고, 인간의 신체를 보호하는 기능적인 도구로서 바라보기도 하며, 옷을 제조하는 비즈니스와 산업의 관점을 빌려보기도 한다. 공통적인 맥락은 우리의 몸을 감싸는 옷을 매개로 우리 개인을, 사회를, 세상을 돌이켜본다는 것이다.

패션을 공부한다고 하면, 그 공부의 중요성에 공감하는 사람들이 많지 않다. 패션은 가볍고 덧없고 사치스러운 분야로 생각되기 때문이다. 나는 늘 사회적으로 중요한 이야기를 꺼내고 싶었는데, 패션이 가진 이미지는 도움이 되지 않았다. 과연 패션으로 유의미한 대화를 시작할 수 있을까? 다른 공부를 해야 하는 건 아닐까? 여러 고민이 있었고 여전히 해결되지 않은 질문도 많지만, 패션의 가벼운 이미지는 나의 한계인 동시에 유용한 도구였다. 가볍다는 사실을 뒤집어 보면 패션만큼 많은 사람들에게 친숙하고 접근성이 좋은 분야도 없다. 동시에 패션은 사람의 몸과 욕망, 사회의 계급과 권력을 반영하는 지극히 정치적인 사회문화적 현상이다. 즉 패션은 중요한 담론을 촉발하고 확장할 수 있는 가능성을 품고 있다. 사람들의 시선을 쉽게 끄는 패션을 통해서라면 사회 문제를 다루는 무거운 이야기도 더 많은 사람들에게 가닿을 수 있을 것이다. 이 책이 패션을 통해 여러 이야기를 시작할 수 있는 단초가 되길 바란다. 당신이 입고 있는 옷은 단순한 물질로 그치지 않는다.

이 책은 나의 개인적인 탐구에 가깝다. 연구자로서는 이제 막 걸음마를 뗄락 말락 하고 있고, 스스로 무엇이라고 정체화하기에도 이른 시점이다. 특히 이 책은 2021년부터 2024년까지 문화예술 웹진 『안티에그』와 『단대신문』에 기고한 글에 수정을 거듭하고 새로운 글들을 추가해 엮었는데, 처음 글을 쓸 때는 본격적인 공부를 시작하기도 전이었다. 그렇기에 편협한 시각이 담길 수도 있고, 틀린 주장을 외칠 수도 있고, 협소하거나 진부한 내용에 머무를 수도 있다. 그러나 모르기에, 또는 모호한 위치에 있기에 할 수 있는 말들도 있을 것이라 여기며 생각을 터놓았다. 많이 알기 때문에 책을 쓴다고 말하기에는 너무나 시기상조이고, 그저 직접 탐구했기에 정리할 수 있는 글이다. 함께 공부해가는 사람으로서 쓴 것이다. 궁금한 질문을 파헤치는 과정에서 작성된 것이라 글을 쓰면서 배우고 새롭게 알아간 사실이 많다. 나의 탐구 과정을 소개한 이 책이 당신에게 또 다른 질문을 불러일으키길, 또 다른 탐구가 시작되게 하길 바란다. 이렇게 우리는 세상을 좀 더 잘 알아갈 것이다. 그렇기에 이 책의 부족함을 보완할 수 있는 모든 비판을 환영하며, 가능하다면 그 비판과 생각을 모두에게 공유해주길 바란다. 나의 목적은 이야기의 물꼬를 트는 것이므로 모든 망설임과 자신 없음을 내려놓고 이 책을 세상에 내보인다.

더불어 패션을 통해 세상 보는 법을 알려주신 임은혁 교수님께 감사드린다. 의상학과 학부 수업을 들으면서 이런저런 생각들을 많이 했는데, 그 생각을 놓치지 말고 기록하라고 조언해주신 덕분에 쓰기를 시작할 수 있었다. 공부를 시작하기 전에도 교수님을 찾아뵐 때마다 새롭게 몰두할 만한 아이디어를 얻었고, 그렇게 조금씩 글을 써나갔다. 앞으로도 교수님께 배울 것들이 많기에 이 책은 끝이 아닌 시작이며, 더 깊은 고민과 탐구로 나아갈 초석이다. 그리고, 내 글의 가능성을 알아보고 끊임없이 격려해주었던 예진에게도 고마움을 전한다. 덕분에 쓰기를 지속할 수 있었다. 마지막으로, 나의 모든 일은 사랑하는 부모님과 동생, 그리고 내 소울메이트 뜽귱의 무한한 사랑에 기대어 해낼 수 있었음을 첫 책의 지면을 빌려 고백하고자 한다. 그 사랑에 마주 답하며.

차례

◇◇◇◇◇◇◇◇◇◇◇◇◇◇◇◇◇◇◇◇◇ 3장 ◇◇◇◇◇◇◇◇◇◇◇◇◇◇◇◇◇◇◇◇◇

패션은 무엇을 할 수 있는가?

1장
다양성의 시대,
패션이 던지는 질문

◇◇◇◇◇◇◇◇◇◇◇◇◇◇◇◇◇◇◇◇◇◇ 1장 ◇◇◇◇◇◇◇◇◇◇◇◇◇◇◇◇◇◇◇◇◇◇

다양성의 시대, 패션이 던지는 질문

패션과 아름다움의 관계는 미묘하다. 당신이 패션을 떠올린다면 모델의 멋진 모습이 떠오를 수도 있고, 아주 괴상한 런웨이가 떠오를 수도 있다. 패션은 그 누구보다 적극적으로 아름다움에 반항하는가 하면, 그 누구보다 편협한 방식으로 아름다움을 찬양하기도 한다. 어쨌든 패션은 '아름다움'과 관련된 견고한 기준으로부터 자유로울 수 없다. 정확히 말하면 '아름다운 사람'이다. 그 미적 기준은 우리 사회가 추구하는 이상을 담았는데, 자세히 들여다보면 참 노골적이다. 계급, 자본, 인종, 나이, 성, 장애, 신체 사이즈 등 여러 측면에서 우위에 있는 주체가 곧 아름다운 사람으로 연결된다. 그 모습은 런웨이에서 다수를 차지하는 신체를 생각해보면 금방 구체화할 수 있다. 중산층 이상의, 부유하고, 백인의, 젊은, 비트랜스젠더에 이성애자이고, 비장애인이며, 날씬한 사람. 인간의 여러 다양성을 제한함으로써 규정된 매우 협소한 이상향이다. 지금부터 각각의 요소를 하나씩 뜯어보며 살펴볼 것이다. 현대 사회에서 외면받는 존재는 패션 산업에서도 외면받아 왔다. 다양성을 배제하고 아주 협소한 이상향을 규정한 결과는 어떤 모습일까? 패션 산업은 진보적인 편이라 이 규범적인 미적 기준을 탈피하고자 하는 여러 시도를 펼쳐왔는데, 과연 얼마큼의 다양성을 확보했을까? 앞으로 확인할 패션 산업의 양면적인 모순은 그 자체로 현대 사회의 민낯이다.

◇◇◇◇◇◇◇◇◇◇◇◇◇◇◇◇◇ 패션과 인종 ◇◇◇◇◇◇◇◇◇◇◇◇◇◇◇◇

현대 패션 산업의 근간은 서양 복식이다. 셔츠, 재킷 등의 서양 복식은 세계화의 영향으로 많은 국가에 전파되었고, 지금은 전 세계의 많은 국가들이 현대화라는 이름 아래 획일적인 복식 양식을 공유한다. 그만큼 패션 산업의 중심지는 유럽과 미국이라 말할 수 있고, 우리가 익히 알고 있는 유명한 럭셔리 브랜드도 이 국가들을 기반으로 한다. 즉, 패션 산업의 기득권층은 언제나 서구 사회 그리고 백인이었다. 그렇다면 백인의 모습 그리고 비백인, 즉 유색인의 모습은 패션 산업에서 어떻게 나타날까?

유색인은 아름다운가

패션 업계에서 백인을 선호하는 경향은 서구 국가가 패션 산업의 출발지이기 때문에 나타날까? 이와 관련해 일리노이주 대학에서 흥미로운 연구를 진행했다. 1957년 이후 60년 동안 미국 『보그(Vogue)』와 『지큐(GQ)』의 표지에 등장한 모델의 인종을 분석한 것이다.[4] 연구 결과, 『보그』는 표지모델의 95%가 백인, 『지큐』는 89%가 백인이었다. 잡지의 표지는 당시 트렌드의 정점을 보여주고 미적 우상을 나타내는 대표적인 공간이다. 이 공간을 대부분 백인이 차지한다는 것은, 인종에 대한 차별적 기준이 패션의 미적 기준에 강하게 작용하고 있다는 의미다.

패션 업계에서 백인을 선호하는 경향은 단순히 흑과 백의 구분으로 나타나지 않는다. 먼저, 인종차별(racism)과 결부된 컬러리즘(colorism)이 있다. 컬러리즘은 인종보다 피부색으로 차별하는 경향을 의미한다. 컬러리즘은 유색인 중에서도 밝은 피부톤을 가진 유색인이 상대적으로 특권을 가지는 현상을 설명한다.[5] 흑인 중에서도 밝은 톤을 가진 흑인은 덜 차별받는다는 것이다. 우리나라에서 흰 피부가 예쁘다고 여겨지는 것과 비슷한 맥락이다. (물론 우리나라에서는 사대주의적인 맥락을 배제할 수 없다.) 흑인이 흑인이라서라기보다 까맣기 때문에 아름답지 않다는 주장도 포함된다. 컬러리즘은 인종차별과 함께 유색인을 이중의 차별 속으로 고착화한다.[6]

텍스처리즘(texturism)이라는 개념도 있는데, 인종에 따른 머리카락의 질감(texture)을 차별하는 시각을 설명한다. 머리 스타일은 인종이나 문화적 정체성을 나타내기도 한다. 예를 들어 풍성하고 곱슬곱슬한 아프로 헤어(afro-textured hair, kinky hair) 스타일은 흑인에게 가장 자연스러운 머리 상태로, 흑인의 정체성과 직결된다. 이처럼 흑인의 구불거리는 굵은 머리카락과 이로 인한 특유의 머리 스타일은 오랫동안 차별과 경멸의 대상이었다.

머리카락, 털에 얽힌 차별을 좀 더 자세히 살펴보자. 흑인의 머리 스타일에 대한 차별은 제국주의와 식민주의 시대에 약자의 머리카락을 자르던 탄압의 역사와 궤를 같이한다. 15~16세기 유럽인들은 아프리카의 흑인을 노예로 끌고 오는 과정에서 이들의 머리를 깎았다.[7] 일제와 연관되어 우리나라에서 단발령이 행해진 것처럼 기존 집단의 문화를 삭제하기 위함이었다. 고유한 머리 스타일을 박탈하는 것은 비존중과 차별을 의미하며 집단 사이의 부당한 관계를 여실히 보여준다. '노예'의 머리를 깎는 제도적 절차는 심리적 차별, 혐오로 연결된다. 18세기의 흑인 여성은 흑인 특유의 머리 스타일을 곱게 보지 않는 사회적 시선으로 인해 독한 약으로 두피에 화상까지 입어가며 곱슬머리를 펴야 했다. 그리고 몇백 년이 지난 지금도 흑인 직원은 전문성이 없어 보인다는 이유로 머리 스타일을 바꿀 것을 요구받기도 한다.[8] 흑인의 머리 스타일은 깔끔하지 못하고 문명화되지 않았다는 차별의 인식이 아주 오래 이어지고 있는 것이다.

반대로 백인 남성의 털은 역사적으로 정반대의 의미를 가졌다. 남성의 털은 권력과 연결되었다. 서구의 남성 지식인을 보면 알 수 있다. 고대 그리스에서부터 현대에 이르기까지 남성 철학자의 초상화엔 수염이 무성히 등장한다. 이들의 수염은 지성과 권위를 나타낸다. 털, 특히 수염이 남성의 권력을 내포해온 사실은 인류의 역사를 관통한다. 문명의 발전과는 별개로 백인 남성의 털은 늘 옹호받아 왔다.

백인 중심의 미적 기준이란 단순히 외양에 그치지 않는다. 일상, 직업환경에도 영향을 미치며 오랜 시간 동안 차별이 뿌리내리는 데 기여했다. 패션 업계가 다른 유색인종보다 백인을 선호하는 것은 보편적 취향 근저에 깔려 있는 차별적 시각의 영향 때문이다.

백인 중심의 미적 기준은 유색인의 외모를 가르는 또 다른 잣대가 된다. 패션잡지나 이미지에 등장하는 흑인은 주로 백인의 미적 기준에 가까운 얼굴이 많다.[9] 넓적한 코와 두툼한 입술 같은 흑인의 일부 상징적인 특징은 두드러지지 않는다. 상대적으로 밝은 피부톤의 흑인이 더 자주 등장하기도 한다. 미국의 배우 젠데이아(Zendaya)는 스스로를 '할리우드가 허용할 만한 흑인'이라고 설명하며, 자신은 피부색이 더 어두운 여성과 같은 인종차별을 겪었다고 할 수 없다고 말했다.[10] 백인의 입맛대로 활용되는 흑인 이미지는 백인의 권력과 미적 기준을 오히려 강화한다. 흑인의 정체성보다는 미적 논리가 더 강조되며, 소수자 존중이나 억압의 역사에 대한 애도는 부재한다.

우리나라는 백인 중심의 미적 기준을 무비판적으로 체화하고, 이를 적극적으로 수용하는 모습을 보이기도 한다. 우리나라 패션 브랜드 중 다수가 백인 모델을 사용하기 때문이다. 키, 골격 등 동양인 체형과 전혀 달라서 소비에 도움이 되지 않음에도 그렇다. 오히려 불편함이 크다. 장마 직전 장화를 사기 위해 인터넷으로 제품을 살펴보는데, 백인 모델의 정강이 길이와 내 정강이 길이가 '지나치게 많이' 달라서 도무지 착용 사진을 참고할 수가 없었다. 백인 모델을 사용하는 이유는 세련되고 고급스러운 그리고 글로벌한 브랜드 이미지를 형성하기 위함이다. 왜 백인이 이러한 이미지를 전달하는가? 이에 대한 문제의식 없이 백인 모델이 우리나라 패션 플랫폼의 대부분을 차지하는 현실이 부끄럽다. 우리 스스로도 백인을 중심으로 한 패션계의 미적 기준에 벗어나지 못하고 동양인으로서의 정체성을 자랑스럽게 여기지 못하는데, 하물며 백인은 어떻겠나.

흑인의 등장은 다양성의 지표일까

2022년 영국 『보그』 2월호 표지엔 아홉 명의 흑인 모델이 등장했다. 이전에도 언급했듯 패션잡지의 표지는 당시 사회적 트렌드를 집약적으로 보여주는 공간이다. 다수의 시선이 모이는 지점인 만큼 시대의 이상적인 아름다움을 드러낸다. 이러한 표지에 흑인 모델이 등장하는 것은 다양성 측면에서 유의미한 일이나, 이 표지는 많은 비판에 직면했다.

어두운 조명으로 아주 까맣게 표현된 피부, 피부와 대비되지 않는 검은색 옷은 흑인의 피부색을 지나치게 강조했다. 흑인을 흑인으로 제시하기 위해 꼭 검은색을 강조해야 하느냐는 비판이 있었다.[11] 또 어둡게 표현된 탓에 모델 개개인을 식별하기 어렵고, '흑인 집단'으로 통째로 인식하게 된다. 이들은 균질화되었고, 웃음기 없는 표정과 경직된 자세는 이를 더욱 강조할 뿐만 아니라 낯설고 친근감 없는 타자화된 존재로 위치한다. 게다가 흑인의 특징인 곱슬머리까지 생략되며, 백인의 시선이 진하게 반영된 사진이라는 평을 받았다.[12]

패션 산업에서 인종 다양성은 '등장'으로 추구된다. 런웨이에 등장한 유색인종의 비율을 세는 기사들은 흑인모델의 비율만으로 패션업계의 인종 불평등이 해결되리라고 믿는 것일까? 브랜드는 흑인의 존재를 확보한 것만으로 정치적 행동을 완료한 것일까? 그러나 단순한 등장으로는 인종의 불평등한 구조에 접근할 수 없다. 표지에 등장했다는 것만으로도 호평을 받을 수 있으리라 예상했다면, 그 안일한 기대가 가능했던 이유는 인종 문제를 사회의 구조적인 문제라기보다 가시성의 문제로 접근했기 때문이다. 물론 런웨이에 오르는 모델의 다수가 백인이라는 점에서 유색인종의 가시성은 여전히 열세이나, 유색인종 모델을 세우고 다양성을 외칠 때 얼마나 진정성 있는 고민이 반영되었을까?

여기서 토크니즘(tokenism)을 설명해야 한다. 영어 단어 'token'은 '징표, 표시'의 뜻을 갖는다. 형용사로는 '형식적인', '시늉에 불과한', '명목상의', '이름뿐인'과 같은 뜻이 붙는다. 즉 토크니즘은 '구색 맞추기'로 설명할 수 있다. 위 『보그』의 사례로 설명하면, 흑인을 눈에 띄게 내세우며 다양성을 추구하는 이미지를 형성하는 것이 토크니즘이다. 흑인에 대한 인식과 대우에 문제의식을 갖거나, 다양성의 진정한 의미와 실현 방법을 고민한 흔적이 없다. 겉치레에 불과한 행동으로 문제를 해결하려 하는 얄팍한 수단이다. 한 학교에서 다양성을 자랑하기 위해 학교의 대표사진에 흑인을 '포토샵으로' 추가한 사례가 대표적이다. 신뢰도와 인지도를 얻기 위해, 인종차별에 반대한다는 선구적인 또는 선량한 이미지를 쉽게 얻으려는 행동이다. 진정성과는 거리가 멀다.

미디어에서 유색인이 나타나는 방식에서도 토크니즘을 확인할 수 있다. 유색인은 보통 평준화되거나 왜곡된 이미지로 나타난다. 가장 자주 언급되는 사례는 눈이 얇고 기다란 '상징적인' 생김새의 동양인이 등장하는 경우다. 2018년 발망(Balmain)은 세 명의 가상모델 '버추얼 아미(Virtual Army)'를 발표했는데, 각각 백인, 흑인, 아시안의 아주 전형적인 모습을 하고 있다. 백인 모델은 흰 피부와 옅은 색 눈을 가졌고, 흑인 모델은 아주 어두운 피부색과 짧고 구불거리는 머리카락을 가졌으며, 아시안 모델은 쭉 찢어진 날카로운 눈을 가졌다. 가상현실은 그 어떤 신체도 구현할 수 있는 무한한 가능성을 지녔음에도 현실의 미적 규범으로부터 벗어나지 못했다. 그 역설이야말로 규범의 강력한 힘을 보여주는 듯하다.

이렇게 '전형적인 모습'이 차별적인 이유는 하나의 인종이 지닌 여러 특성을 무효화하고 오직 '흑인', 또는 '아시안'이라는 카테고리만 부각하기 때문이다. 다양한 생김새를 가정하지 않고, 개성을 제거한 채 타자의 시선으로 바라본 몇 가지 특징만 강조한다. 여기서 유색인은 여전히 프레임에 갇힌 채, "우리도 다양성을 챙겼다"는 증거로 기능할 뿐이다. 이처럼 유색인은 철저히 백인의 시선으로 분석되고 표현되며 평준화된다.

런웨이에 다양한 인종이 등장하면서 패션 산업의 다양성이 주목받기도 했지만, 아직 백인 중심의 기조는 옅어지지 않았다. 수치 면에서도 유색인종은 백인과 동등한 비중을 차지하려면 한참 멀었다. 미국 런웨이에 등장한 모델 중 백인은 56%를 차지하고, 흑인이 17%, 라틴계가 12%, 아시아인이 6%다.[13] 백인과 유색인 모델 간 임금 격차도 뚜렷하다. 다양성은 수치로도, 의미로도, 구조적으로도 부족한 상황이다. 백인을 제외한 인종은 여전히 외면받고, 타자화되고, 심지어 착취당한다.

패션 산업은 어떻게 유지되는가

패션 산업의 인종차별 문제는 런웨이나 잡지 화보에만 존재하지 않는다. 산업의 전체로 시야를 확대해보자. 세계 지도를 펼치면 어떤 구조가 보이는가? 패션 기업의 본사와 생산 공장이 위치한 국가가 확연히 구분된다. 루이비통, 디올, 랄프 로렌, 나이키 등 유명한 브랜드는 유럽이나 북미에 위치하고, 이들의 제품을 제조하는 공장은 동남아시아, 중국 등지에 분포한다. 이는 선진국과 개발도상국의 차이로 설명될 수도 있겠지만, Global North와 Global South의 개념으로 서구 중심의 위계질서를 고려하여 살펴볼 수 있다. 이 개념은 북반구와 남반구를 단순히 지리적으로 구분하는 것이 아니라, 세계화 시대와 신자유주의적 자본주의 체제에서 이득을 취하는 국가들과 이용되는 국가들을 구분한 것이다.[14] Global North는 주로 부유한 '선진국'을 가리키고, Global South는 저임금 제조업 중심의 '개발도상국'을 가리킨다.[15] 이는 패션 산업뿐만 아니라 대부분의 산업에서 나타나는 구조로, 세계화 시대의 불평등한 체제를 설명한다. 그런데 이러한 불평등 구조는 지정학적으로만 설명되지 않는다.

2020년, 한 도시의 의류 공장 단지에 대한 뉴스로 전 세계가 떠들썩했다. 'Dark Factories'라는 이름으로 공개된 공장들에서는 흑인과 아시아인 노동자들이 덥고 통풍도 되지 않는 열악한 환경에서 시간당 6천 원도 안 되는 금액을 받으며 일했다. 이 공장이 위치한 곳은 영국의 레스터(leicester)라는 도시로, 영국 패스트 패션 기업의 주요 공급업체들이 밀집된 지역이다. 개발도상국이 아닌 영국에서 버젓이 불법적인 노동이 자행되고 있었고, 그 노동 현장에는 어김없이 유색인종이 있었다. 영국은 사회적 인식이나 물리적 인프라가 발전하지 못했다는 근거로 착취를 변명할 수도 없다.(당시 영국의 최저임금은 8.72 파운드로 15,000원이 넘는 금액이었다.) 즉, 패션 산업에서 자행되는 노동 착취의 쟁점은 지역이 아닌 '인종'이다. 의류 제조를 위한 노동은 대체로 유색인종의 공간에서 이루어지는 인종화된 노동이다.

인종차별과 노동은 불가분의 관계다. 현대와 같은 인종 차별의 형식은 17~18세기 플랜테이션 농장에서 아프리카인에 대한 노동 착취에서부터 형성되었다.[16] 인종의 구분은 유색인종의 노예 노동을 정당화하는 수단이자, 신분제가 사라져가는 사회에서 착취를 자연스럽게 설명할 수 있는 논리였다. 자본가는 유색인종이 열등한 존재이므로 부려먹어도 된다는 논리로 노예제를 정당화했고, 특정 인종은 곧 노예라는 인식을 확립함으로써 자신들의 지위를 유지했다. 이렇게 유럽인과 원주민, 자유로운 개인과 노예, 백인과 흑인에 대한 이분법적 구분이 형성되면서 인종 자본주의의 토대가 되는 인식이 성립되었다.

18세기 후반에는 산업혁명으로 노동자와 사용자의 구분이 본격화되었는데, 이 구조는 사회계약론을 바탕으로 성립했다. 모든 걸 계약으로 설명하고자 하는 계약만능주의를 바탕으로, 노동자가 노동을 제공하는 일과 사용자가 노동자를 부리는 일은 계약을 통해 '등가교환'된 것이므로, 아무도 건드릴 수 없는 개념이 되었다. 마르크스는 이러한 교환의 환상 속에 존재하는 착취의 구조에 문제를 제기했다. 마르크스의 관점에서 자본주의는 자본이 노동자를 착취하는 계급 지배의 시스템이다.[17] 그러나 정치학자 세드릭 로빈슨(Cedric J. Robinson), 정치철학자 낸시 프레이저(Nancy Fraser)는 마르크스의 지적이 인종적 구조를 간과하여 제3세계나 선진국에 거주하는 유색인종에 대한 다층적인 억압을 대변하지 못한다고 지적했다. 마르크스주의는 유럽 중심의 시각 위에서 형성되었기 때문에, 어떻게 인종차별이 세계의 자본주의적 구조에 깊이 스며들어 있는지 설명하지 못한다는 것이다.

낸시 프레이저는 자본가-노동자의 구분에서 노동자조차 두 가지로 분리됨을 지적하면서 보이지 않는 착취와 수탈에 주목했다. 프레이저에 따르면 노동자는 자유로운 개인이자 시민인 노동자와 자유롭지 못하고 종속적인 저임금 또는 비임금 노동자로 구분된다. 예를 들면 전자는 우리나라 의류 대기업에서 일하는 직원들이고, 후자는 동남아시아 의류 공장의 열악한 환경에서 일하는 노동자라고 볼 수 있다. 낸시 프레이저는 후자의 노동이 존재하기 때문에 전자의 노동이 가지는 자유가 보장된다고 설명한다. 인종차별화된 착취는 자본주의 팽창의 배경을 형성했으며, 이 착취는 자본주의적 가치 창출의 원천이 되었다.[18] 이는 우리가 티셔츠 한 장을 만 원에 살 때 노동력을 값싸게 착취하게 되는 시스템을 설명한다.

착취당하는 저임금 노동자는 이제 옛날이야기처럼 여겨지기도 하지만, 여전히 존재하는 현대적인 개념이다. 특히 '이주자'는 착취의 대상을 찾는 자본의 레이더망에 제대로 걸려버린다. 2024년 6월에도 디올의 가방을 생산하는 하청업체에서 노동 착취가 이루어지고 있다는 사실이 폭로된 적이 있다. 이곳의 노동자들은 야간 근무와 휴일 근무를 반복하며 과도하게 초과 근로를 했고, 계약서도 미비했으며, 빠른 작업을 위해 안전장치를 제거한 상태로 작업해야 했다.[19] 문제가 된 하청업체는 이탈리아에 위치했고, 이곳에서 일한 노동자는 중국인 이민자거나 미등록 이주자들이 많았다. 실제로 이탈리아 럭셔리 제품의 상당 부분을 중국계 이민자들이 생산한다고 한다.[20] 그렇게 생산된 가방의 원가는 8만 원이었다.[21] 제품 최종 가격은 3백만 원이 넘었다는데, 고액의 마진은 누가 얻을까? 참고로 디올의 모회사 LVMH의 회장 베르나르 아르노는 2024년 세계 1위의 부자로 손꼽혔다.[22] 이런 이야기는 많다. 디올 외에 아르마니의 하청업체도 중국인 미등록 이주자를 시급 2~3유로에 고용했고,[23] 랄프 로렌에 제품을 공급하는 인도인 여성 노동자들도 저임금, 초과근무로 인한 절대적 빈곤을 겪으면서 언어 폭력 등에 노출되는 등 열악한 환경에서 일한다.[24] 낸시 프레이저의 노동자 관점에서 보면, 럭셔리 패션 브랜드의 막대한 자본은 인종화된 제3세계 지역에서 착취에 기반한 생산이 이루어지고 있기 때문에 가능하다.

자본주의가 팽배해지면서, 인종과 노동 계급의 문제는 분리할 수 없이 뒤섞인 관계가 되었다. 자본주의는 이윤 추구를 위해 인종 구분, 나아가 인종차별을 철저히 이용했고, 이 시스템은 여전히 현대의 노동 환경을 구성하고 있다. 패션은 자본주의가 인종차별을 토대로 세운 대표적인 산업이다. 세계 1위 부자 아르노 회장과 시급 2~3천 원을 받고 하루 16시간을 일하는 의류 노동자의 간극을 고려하면 패션 산업에서 자본주의가 유독 심화된 것처럼 보인다. 다른 산업에서도 물론 자본주의의 착취는 이루어지고 있겠지만, 패션만큼 세계 자본의 양극화를 직접적으로 보여줄 수 있는 산업이 있을까?

이는 잉여성으로 설명할 수 있다. 패션은 '의식주'의 영역이 아니다. 우리는 필요하지도 않은 옷을 위해 에너지를 사용하고, 노동력을 착취하고, 쓰레기를 만들어내는 셈이다. 물론 우리는 타인과 구별되고 싶은 마음과 구별되고 싶지 않은 마음을 모두 끌어안고 있기 때문에 삶에서 패션을 배제할 수 없다. 그러나 패션의 잉여성은 자본이 만들어내는 상징적 가치와 맞닿아 있다. 필요하지 않지만 사야 하는 이유를 만드는 것이다.

잉여성은 자본가와 연결된다. 자본가는 노동자가 급여 이상으로 생산한 잉여를 가짐으로써 자본을 축적할 수 있기 때문이다. 마르크스는 자본가가 자본을 축적하는 방법이 잉여에 기반하고 있음을 지적했다. 생산 수단을 갖고 잉여를 점유하는 존재가, 재산이 없어서 지속적으로 노동해야 하는 존재를 착취함으로써 이윤을 갖는 구조다.[25] 패션 산업은 이 구조가 매우 극단적으로 형성된 분야다. 럭셔리 패션 브랜드의 로고가 가진 상징적인 가치는 거대한 잉여를 만들어냈고, 그 아래에는 저임금의 끊임없는 노동이 있다. 이 착취 구조는 여성, 유색인, 이민자, 빈곤 계층 등의 약자를 희생양으로 삼는다.

패션의 생산과 소비는 이렇게 지속되어도 괜찮은가? 질문을 확장해보자. 모든 산업의 생산과 소비는 지금처럼 지속되어도 괜찮은가? 이 질문은 우리가 살고 있는 사회의 패러다임에 대한 도전이고, 개인이 해결할 수 없는 규모의 문제이겠지만, 이 질문에 대한 고심에서부터 변화가 시작될 것이다.

◇◇◇◇◇◇◇◇◇◇◇◇◇◇◇◇◇◇ 패션과 체형 ◇◇◇◇◇◇◇◇◇◇◇◇◇◇◇◇◇◇

아름다움에 대한 기준은 시대를 거치며 변화해왔는데, 오늘날 우리의 미적 취향은 서구적인 몸을 표준으로 한다. 특히 19세기에 시작되어 20세기에 확산되기까지, 패션은 날씬한 신체 이미지를 이데올로기처럼 휘둘렀다. 모델 트위기, 케이트 모스 등 패션 산업에는 기다랗고 마른 서구적 체형이 우상처럼 등장했고, 이러한 이미지는 반복적으로 양산되며 단단히 굳어졌다. 그동안 런웨이는 마르고 날씬한 모델만 등장하면서 몸매에 대한 강박적인 잣대를 형성했고, 한 세기 내내 여성의 신체는 날씬하도록 혹사당해 왔다.

모델은 정상체중이 아닌 저체중에 집착해야 했다. 모델은 패션을 사람들에게 소개하고 홍보하는 매개자로, 당시의 패션 트렌드를 가장 극대화해서 보여줄 수 있는 사람이다.[26] 모델의 역할을 고려했을 때, 마르고 날씬한 모델만 등장하는 런웨이는 패션이 제시하는 이상적 몸의 기준을 매우 차별적으로 제한하고 있는 것이다.

마른 몸을 추구하는 사회적 기준은 마른 여성과 마르지 않은 여성 모두에게 가혹하다. 기준을 충족하는 데 성공하면 유지를 위한 고생이 이어져야 하고, 충족시키지 못하면 배제와 차별과 혐오를 겪어야 한다. 심지어 여성 신체의 크기와 형태는 단순히 미추를 구분하기 위한 기준을 넘어섰다. 마르지 않은 여성은 그 몸의 아름다움뿐만 아니라 삶의 자세와 성실성과 책임감, 성적 매력까지 함께 평가되며, 폄하당한다. 이제 몸의 생김새는 사람의 내면까지 감정하며, 일방적으로 낙오자의 딱지를 붙여버리는 것을 정당화한다.

마른 몸에 대한 이상화는 오랫동안 비판받아 왔다. 그리고 최근에는 다양성 이슈가 강조되면서 인종뿐만 아니라 신체적 기준에 대한 포용도 중요해지기 시작했다. 마른 모델만 등장하는 런웨이에 비난의 목소리가 높아지자 많은 패션 브랜드에서 플러스사이즈 모델을 런웨이에 올렸다. 하지만 최근 2024년 SS 시즌, 세계 4대 패션위크에 등장한 플러스사이즈 모델은 전체 모델 중 고작 0.9%를 차지했다.[27] 과연 런웨이에 소수의 플러스사이즈 모델을 포함시키는 것이 신체의 다양성을 추구하는 모습일까?

한 브랜드의 런웨이에 등장하는 플러스사이즈 모델은 보통 두세 명이다. 과도하게 마른 모델 수십 명 사이에 두셋의 플러스사이즈 모델이 걸어 나오는 모습은 플러스사이즈 모델의 소수성을 두드러지게 한다. 오히려 다수의 마른 모델을 보고 날씬함에 대한 미적 기준이 견고함을 깨닫는다. 또한 신체 사이즈나 형태의 다양한 스펙트럼을 보여주는 게 아니라 양극단만 공존하는 모습은 다양성이라기보다 병리적이다.

더불어 플러스사이즈 모델은 대부분 백인, 비트랜스젠더, 비장애인 여성으로, 체형을 제외한 다른 부분에서는 소수자의 성격이 드러나지 않는다.[28] 각자의 아름다움을 인정하고 개개인의 서로 다른 신체를 포용하자는 다양성의 본질적인 메시지보다는 그저 다양성이라는 이슈에 적당한 구색을 맞추려는 것이다. 이러한 사회적 상황을 바탕으로 체형에 관한 이야기를 해보고자 한다.

바디 포지티브 운동은 정말로 긍정적인가

'바디 포지티브(body positive: 자기 몸 긍정주의)' 운동은 여성의 몸을 집요하게 평가하는 사회에 반대하며 등장했다. 이 운동은 "날씬하고 마른 여성"이라는 표준에 반대하고, 날씬하지 않은 몸에 대한 차별과 혐오에 저항한다. 다양한 체형을 수용할 것을 주장하며, 자신의 몸이 어떤 모습이더라도 사랑하자는 메시지를 외친다. 이 운동에 참여하는 사람들은 셀룰라이트나 튼살과 같이 금기시되는 신체적 특징도 가감 없이 내보인다. 스스로 몸에 대한 만족감을 높이고, 자존감을 북돋기 위한 움직임이다.

이 운동은 1960년대에 페미니즘을 중심으로 논의된 비만 수용 운동(fat acceptance movement)에 뿌리를 둔다.[29] 그리고 2010년 이후 인스타그램 등 소셜 네트워크를 바탕으로 규모가 커졌다. 테스 홀리데이(Tess Holliday)나 애슐리 그레이엄(Ashley Graham)과 같은 플러스사이즈 모델이 인플루언서로 성장하며 바디 포지티브 운동을 주도했고, 여러 사용자들이 해시태그를 통해 운동에 참여했다. 2023년 10월 인스타그램에 '#bodypostiive', '#bodypositivity'를 검색해보니 각각 1,900

만, 1,200만 개의 결과가 나왔을 만큼 활발한 논의가 이루어진 주제였다.

덕분에 사회적 시선에 상처 입었던 많은 사람들이 용기와 위로를 받았다. 몸에 대해 왈가왈부하는 일은 무례를 넘어선 차별과 혐오의 행위라는 사실이 세상에 알려졌다. 이제 사람들을 몸의 크기와 형태로 미추의 기준을 절대화할 수 없음을 안다. 하지만 미디어에서는 대부분 날씬한 사람들이 멋지고 아름답게 등장한다. 날씬하지 못한 사람은 여전히 스스로의 몸을 드러내길 꺼린다. '바디 포지티브' 운동은 무엇이 부족했나?

비주류를 위한 운동은 끊임없이 그 진정성을 질문해야 한다. 변질되기 쉽고, 협소해질 수 있기 때문이다. 다양한 몸을 긍정하기 위한 메시지조차 사회적 권력과 이데올로기로부터 자유로울 수 없었다. 바디 포지티브 운동은 남성중심적 사회, 서구중심적 사회의 입맛에 이리저리 맞추어졌다. 여성의 몸을 바라보는 시선은 여전히 비좁고, 그에 대한 논의 또한 제한적이다.

첫째, 여성을 성적으로 바라보는 남성중심의 시각에서 벗어나지 못했다. 바디 포지티브의 메시지를 두른 플러스사이즈 모델은 성적인 이미지로 나타나는 경우가 많았다.[30] 바디 포지티브 운동으로 알려진 미국의 가수 리조(Lizzo) 또한 성적으로 표현되는 이미지를 피할 수 없었고, 플러스사이즈 모델 애슐리 그레이엄도 마찬가지다.(이들의 사진은 검색하면 금방 알 수 있다.) 물론, 날씬하지 않은 몸도 충분히 매력적이라는 메시지를 전달할 수 있고, 몸에 대한 자신감을 표현하는 방법으로 이해할 수 있으나, 여성의 신체를 성적인 대상으로 제한한다는 한계가 있다. 이땐 신체 다양성의 포용보다는 성애화(sexualization)된 여성의 몸이 더 강조된다. 여성의 몸은 사이즈를 불문하고 대상화되며, 여전히 협소한 시선으로 해석된다.

둘째, 서구 중심의 논의에 그친다. 한국에서는 바디 포지티브 운동의 효과를 체감하기가 더 어렵다. 사이즈 다양성에 대한 논의가 북미를 중심으로 진행되었기 때문이다. 바디 포지티브 운동이 한창 주목받던 때에도 '백인 여성' 중심으로, 다양한 인종을 아우르지 못한다는 비판을 받았다. 흑인 가수 리조의 존재가 그 지적을 정면으로 반박하는 듯하지만, 그 또한 여전히 미국 시민이다. 미국의 비만율은 약 40%로 한국의 약 8배에 해당하고,[31] 따라서 플러스사이즈 시장 또한 한국보다 큰 비중을 차지한다. 즉, 한국의 플러스사이즈 여성은 미국의 플러스사이즈 여성보다 더 소수이고, 더 소외받는다는 뜻이다. 우리나라는 서구보다 더 서구 미적 담론에 매몰되어 있다. 더불어 소셜 미디어에서 군림하는 '바디프로필', '갓생' 담론은 날씬하지 않은 여성을 철저히 낙오된 자들로 만든다. 여전히 우리 사회는 비만에 대한 인식이 혐오로 이어진다.

몸의 다양성을 말할 때 중요한 골자는 차별과 혐오의 손가락을 거두는 것이다. 열심히 운동하고 관리하는 몸은 당연히 훌륭하지만, 그렇지 않은 몸을 비난하는 것은 다른 맥락이다. 건강에 대한 논의와 협소한 미적 기준에 대한 문제의식은 구분된다. 세상의 권력이 차별적으로 작용하는 경우이니 특히 그렇다. 날씬하지 않음이 게으름의 증거가 아니냐고 묻는다면 외관만 보고도 쉽게 일반화하는 속단, 그 사람의 하루를 속속들이 들여다보지 않고도 게으름이라 단정 짓는 오만이 문제라 답하겠다.

최근에는 몸을 중립적으로 바라보자는 'body neutrality(바디 뉴트럴리티)'라는 개념이 주목받고 있다. 체형, 크기, 피부색, 성별을 상관하지 않고 자신의 일부로 받아들이는 태도다.[32] 몸을 분류하지 않고 평가하지 않는다는 점에서 고정관념으로부터 벗어날 수 있는 여유를 마련한다. 다소 건조하고 소극적인 시각일 수 있으나, 바디 포지티브 운동의 한계를 인식하고 대안을 논의하고 있다는 점에서 의미가 있다. 아마 이 새로운 개념도 한계에 봉착하겠지만 꾸준한 논의로 끊임없는 대안을 생성하며 나아가길 기대해본다.

날씬한 사람은 어떤 사람인가

"운동하시나요?" 어느새 이 질문이 익숙하고도 당연해졌다. 건강을 위해, 자기 관리의 일환으로, 몸매 유지를 위해 우리는 운동을 의무와도 같이 여긴다. 그리고 운동을 하지 않을 때는 자신을 방치한 것만 같은 기분을 느끼며 죄책감을 느낀다. 관리되지 않은 몸, 특히 날씬하지 않은 몸은 자기 관리의 실패이자 게으름의 표시가 되었다. 언제부터 날씬하지 않은 몸은 나태함의 상징이 된 걸까? 몸매, 자기 관리, 성공은 어떻게 연결되며, 우리는 그 연결을 어떻게 생각해야 할까?

『이코노미스트(The Economist)』의 기사에 따르면 날씬할수록 사회경제적 지위가 높아진다는 통계가 있다고 한다.[33] 날씬한 몸은 더 많은 사회경제적 기회를 얻고, 성공적인 자기 관리, 나아가 커리어 개발까지 연결되는 반면, 날씬하지 않은 몸이 사회경제적 기회를 얻기 위해서는 날씬하지 않음에 대한 이유를 해명하고, 인격과 성실성, 업무 태도와 능력까지 증명해야 한다.

또 다른 통계는 사회경제적 지위가 높을수록 날씬해진다는 것이다.[34] 상류층은 사회에서 이상적인 존재로 머물러야 하므로, 이상화된 몸을 갖추는 것은 지위에 대한 자격을 증명할 수 있는 수단이다. 날씬한 몸은 사회적 지위를 시각적으로 구현하는 대표적인 방법이 되었다. 사회학자 부르디외가 말했듯, 몸이 계급의 상징이 된 것이다.

여기서 날씬함과 사회경제적 지위, 둘 중 무엇이 먼저인지 판가름하는 것은 중요하지 않다. 날씬한 몸을 유지하는 자기 관리가 계급과 깊은 연관성을 지닌다는 것이 중요하다. 날씬한 몸은 계급에 영향을 받는 동시에 계급을 견고히 하는 수단이다. 그렇다면 왜 날씬함은 사회경제적 지위와 연결되는 것일까?

자기 관리는 신자유주의적 개념이다. 신자유주의의 특징은 개인이 사회의 통치 방식을 내면화함으로써 스스로를 규제하는 것이다. 개인은 책임감 있는 사회 구성원으로 거듭나기 위해 끊임없이 자기를 계발하고 관리한다. 이로써 스스로 사회 규범을 실천하고 행동하는 주체로 거듭난다. 그럼 그 관리의 방식에 왜 몸이 포함되는 것일까?

날씬한 몸을 이상화하는 것은 서구의 방식이다. 비서구 문화권에서는 오히려 통통한 몸이 이상적으로 여겨지는 경우가 많았다. 서구에서 날씬한 몸이 중요해진 것은 코르셋의 역사부터 살펴봐야겠지만, 여기서는 근대적 맥락에서부터 출발하고자 한다. 19세기 미국으로 가보자. 당시 미국에서는 건강개혁운동이 전개되었다. 건강개혁운동은 개인이 스스로 건강을 관리할 수 있도록 의학 지식의 대중화, 식생활 개선 등을 추구하는 운동이었다. 기존에는 의사만이 환자의 건강을 판단하고 관리할 권리와 자격을 가졌다면, 건강개혁운동은 의료 지식을 확산함으로써 개인이 직접 건강 관리에 나설 수 있는 기반을 마련했다. 이 운동은 개인을 자기 관리의 주체로 인식했으며, 개인을 관리함으로써 사회의 번영을 이루는 것을 목적으로 두었다는 점에서 중요하다. 이로써 개인이 몸을 기반으로 자기를 관리하고 이를 통해 사회 구성원으로서 기능하는 신자유주의적 기반이 형성되었다.[35]

몸의 관리는 사회가 노동력을 확보하고 유지하는 방법이다. 개인이 자발적으로 건강을 관리하면 사회는 큰 힘을 들이지 않고 노동력을 유지할 수 있다. 이상적 몸매와 자기 관리를 연결시킴으로써 개인의 건강과 생산성을 보장하려는 것이다. 따라서 날씬한 몸은 사회적 이상을 넘어서 바람직한 상태, 즉 누구나 추구해야 하는 도덕적 규범과도 같아졌다. 반대로 날씬하지 않은 몸이란 '열심히 살아야 한다'는 사회 공동의 목표이자 의무에 어긋나며, '바람직하지 않은' 상태로 여겨진다. 날씬한 몸은 자본주의 사회가 휘두르는 통치 도구인 셈이다.

미국에서는 건강개혁운동 이후에 비만을 나태함의 산물로 인식하는 경향이 생겼다.[36] 개인이 스스로 건강을 관리하는 움직임은 사회 구성원으로서 역할을 완수하기 위한 필수적인 노력으로 연결되었고, 이를 제대로 해내지 못한 신체는 척결의 대상이 된 것이다. 자기 관리가 사회적으로 중요한 행동이 되면서 몸의 형태는 자연스럽게 이를 확인하는 수단이 되었다.

현대 사회에서 자기 관리는 자본과 깊이 연결된 행위다. 적합한 운동과 음식 섭취를 통해 몸을 가꾸는 데는 필연적으로 자본이 필요하다. 이처럼 자본과 계급이 개입하자 날씬한 몸과 날씬하지 않은 몸에 더 뚜렷한 가치가 반영되었다. 이를테면 날씬하지 않다는 것은 사회적 이상을 추구할 만한 기반이 없는 상태임을 나타내는 것이다. 쉽게 말해 시간과 비용을 투자하지 못한다는 뜻이다. 날씬함의 실패는 계급적 실패와도 연결되었다.

극도의 빈곤과 기아를 겪는 국가를 제외하면, 가난함은 이제 깡마른 몸과 연결되지 않는다. 편의점 음식, 패스트푸드 등의 가공식품은 저렴한 가격에 구입할 수 있는 반면, 다양한 영양소를 갖추고 싱싱한 재료가 들어간 요리를 먹기 위해서는 상대적으로 더 많은 자본이 필요하다. 빈곤할수록 음식의 섭취가 불가한 것이 아니라, 건강한 음식에 대한 접근이 어려워진 것이다. 저렴한 패스트푸드의 확산으로, 빈곤층은 못 먹어 마르는 것이 아니라 살이 찌기 시작했다. 또 비만에 게으름과 의지박약이라는 낙인까지 적용되고, 개인의 회복 가능성을 깎아내림으로써 비만은 빈곤의 악순환에 포함된다. 날씬함의 배타적인 성격은 자본주의적 사회 구조와 계급의 위계 속에서 자라났다.

자기 관리는 건강한 몸을 이상적인 모습으로 여기게 하여 건강한 생활습관을 유도할 수 있다는 점에서 긍정적일 수 있다. 그러나 차별적 구조가 영향을 미친 결과라는 것을 고려한다면 긍정할 수 있을까? 자기 관리에 참여할 수 있는 사람은 제한적이며, 건강을 추구할 수 있는 환경이 누구에게나 마련된 것은 아니다.

몸을 관리하는 것이 '바람직하다'는 정서가 굳어진 지 오래다. 몸매는 자기 관리로 연결되고, 이는 옳고 그름을 구분하는 도덕적 영역까지 연결되었다. 우리는 관리하는 자아를 선망하고, 관리하지 못하는 자아를 단죄한다. 관리를 추구하는 것도 좋지만, 관리의 실패가 삶의 실패인가? 그 실패가 영원히 개인에게 예속되는가? 우리는 자기 관리에 매몰되어야 하는가?

패션과 나이

동화에는 늘 마녀가 등장한다. 마녀의 모습을 상상해보자. 가끔 젊은 미인으로 묘사될 때도 있지만, 동화에 나타나는 마녀는 보통 주름이 자글자글하고, 퀭한 눈, 사마귀, 매부리코를 가진 추한 인상의 노파다. 동화에서 사악한 인물로 그려지는 만큼 공포감과 혐오감, 불쾌감이 강조된 것이다. 그런데 이 모습에는 노화를 가리키는 특징들이 대부분이다. 악한 성격을 가리면, 마녀는 단지 노인에 불과하다. 이 무서운 악역은 왜 노인으로 묘사된 것일까?

조금 성급한 답변을 제시해보자면, 악역은 추해야 하고 노인의 신체는 아름답지 않다고 여겨지기 때문이다. 아름다움의 정의는 '젊음'으로 제한된다. 미적 관점에서 젊음을 우상화하는 시각은 패션 업계뿐만이 아니라 우리 사회 전반에 퍼져 있는 인식이기도 하다.

그렇다면 사악한 마녀가 노인으로 묘사되는 이유는 단지 노인의 신체가 아름답지 않기 때문일까? 노인을 향한 불쾌감, 혐오에는 다른 맥락이 있다. 먼저, 죽음과 가까운 속성으로 인해 죽음에 대한 공포와 불안이 노인에게 투사되었다는 해석이 있다.[37] 이 해석은 인류가 생존에 위협이 되는 대상에 거부감을 느끼도록 진화되었다는 분석에 기인한다. 노인은 죽음을 상기시킴으로써 본능적인 거부감을 발현한다는 것이다. 또한 노화된 신체는 냄새가 나거나 분비물이 많아지는 등의 신체적 증상이 나타나는데, 이는 인간의 동물성을 드러내 이성적 존재로서의 자기 인식을 방해한다. 우리는 우리의 유한성과 동물성을 수면 위로 끄집어내기 때문에 노화와 노인에 대해 거부감, 불쾌, 혐오를 느낀다는 것이다. 그렇다면 노인에 대한 혐오는 본능적이고, 생물학적이고, 그래서 당연하고, 어쩔 수 없는 것일까?

사회적 맥락을 고려한 관점에서는 다른 해석이 가능하다. 사람을 인적 자본으로 보는 신자유주의적 관점에서 노인은 '활용가치'가 낮은 존재다.[38] 노화된 신체는 경제적 역량을 모두 소진하고 죽음을 앞둔 나약한 상태이므로 노동력의 범주에서 배제된다. 이러한 관점은 사회가 노인을 구분하는 기준에서도 드러난다. 우리 사회는 생산활동에 참여하지 않고 부양되는 존재로 노인의 경계를 정의하고 있다.[39] 우리나라는 나이가 많을수록 권력을 갖는 구조이지만, 이는 어디까지나 경제활동을 위한 신체적, 정신적 능력이 보장될 때까지만 유지된다. 연륜과 지혜를 존중했던 과거의 인식은 거의 사라졌다. 이처럼 노인을 바라보는 시각에 '쓸모'를 판단하는 신자유주의적 판단이 반영되면서 젊음을 우상화하고 젊음에 정상성을 부여하는 문화가 뿌리내렸다. 이 관점에서 노인에 대한 혐오는 본능적이라기보다 사회적으로 학습된 결과다. 이는 젊음을 중심으로 정의된 사회의 미적 기준과도 무관하지 않다. 패션 역시 우리 사회에서 노인이 인식되는 방식을 단적으로 보여준다.

노인은 패션의 주인공이 될 수 없는가

패션 산업은 노인을 배제하고 젊음에 천착하는 분야다. 심지어 패션 산업에서 노인, 즉 시니어란 주름이 자글자글한 할머니, 할아버지만 지칭하지 않는다. 젊지 않은, 그러니까 노화의 흔적이 조금이라도 나타나는 중년, 더 내려가서 30대 중후반의 나이까지도 포함한다. 노화 자체를 거부하며 젊음이 신화적으로 보호된다고도 할 수 있다. 패션 런웨이를 상상해보자. 중년 이상의 모델은 매우 드물다. 패션 런웨이에 등장하는 모델의 평균 나이는 22살로,[40] 대체로 17살에 경력을 시작하고 25살까지 런웨이에 오른다.[41] 모델뿐일까. 많은 유명 패션 브랜드는 노인을 위한 의류를 디자인하지 않는다.[42]

새롭고 트렌디해야 하는 패션의 본질적 특성상 청년은 패션의 중심이 되는 세대다.[43] 청년은 트렌드를 주도하고, 기성의 방식에 반하며 새로운 문화를 만들어내는 역동적인 세대로, 패션의 주요한 생산자이자 소비자다. 즉, 청년만을 대상으로 하지는 않더라도 패션 트렌드에서 젊고 어린 이미지는 중요하다. 그러나 패션의 본질적 특징을 이유로 젊음 중심의 성격을 옹호하기에는 패션 산업에서 노인을 배제하는 경향에 아이러니한 측면이 있다. 패션 산업의 핵심 인물들은 대부분 중년 이상이며, 노년에 가까운 경우도 많기 때문이다. 칼 라거펠트는 50대에 샤넬을 맡아 85세의 노인이 될 때가지 브랜드를 이끌었고,

비비안 웨스트우드는 서른 언저리에 브랜드를 시작해서 81세까지 이끌었다. 2024년 기준으로 도나텔라 베르사체, 레이 카와쿠보는 70~80세가 되어가도록 브랜드의 디자이너를 맡고 있고, 이외에도 톰 포드, 마크 제이콥스, 에디 슬리먼, 알레산드로 미켈레, 피비 파일로, 마리아 그라치아 키우리 등 유명한 디자이너 중에는 50~60대가 많다. 이들은 젊었을 때 참여한 청년 문화의 정체성을 지속적으로 재생산함으로써 "영원한 젊음의 지위"를 누리고자 한다.[44] 이렇게 젊음은 패션 산업의 신화로 기능한다. 디자이너의 시작엔 젊음이 있었고, 컬렉션 속에 박제된 젊음으로 오랜 집권을 유지하며, 패션이 가지는 트렌드로서의 지위, 문화적 영향력 역시 젊음이라는 상징적 이미지를 이용한다.

젊음의 신화는 여러 가지 방식으로 기능한다. 패션 산업에서 젊음이 소비되고 중시되는 방식을 살펴보면 패션에서 노인이 배제되는 구체적인 맥락을 발견할 수 있다. 먼저 젊음은 아름다움의 상징으로 여겨진다. 앞에서 살펴보았듯 노화된 신체는 아름다움의 범주에서 비껴나 있다. 패션이 되기 위해서는 대중의 선망(aspiration)이 중요한 요소이므로 젊음은 외적 이상으로서 패션을 지배한다. 이에 노인은 아름답지 않은 존재로 패션에서 배제된다.

두 번째, 젊음은 트렌드의 상징으로서 여겨진다. 젊은이들의 문화는 새롭고 역동적이며 변칙적이기에 패션의 성격과 연결된다. 히피나 펑크 등의 하위 문화가 그 영향력을 증명했던 것처럼 젊음은 패션이 주목하는 문화적 이상이다. 이러한 맥락에서 노인은 문화적 향유자의 범위에서 배제된다. 이는 'age ordering'이라는 개념으로 설명할 수 있는데, 이는 나이가 들수록 사회적으로, 계층적으로, 전통적으로 적절한 옷차림을 요구받는다는 것이다.[45] 노인은 노인다운 옷을 입어야 한다고 여겨지며, 트렌드를 좇는 주체로서 인정받지 못한다.

세 번째, 청년은 적극적인 소비자로서 여겨진다. 이는 인구통계학적 수치를 배반한다는 점에서 역설적인데, 고령화사회에서 점점 중년과 노인 인구가 증가함에도 불구하고 이들은 패션 시장의 주요한 소비자로 인정받지 못하기 때문이다.[46] 마케팅 시장에서 주시하는 Z세대와는 대조적이다. 단순히 인구수가 많은 것보다 패션에 대한 관심, 소비의 적극성, 그리고 이들이 가지는 '젊은' 이미지가 패션과 더 가까이 연결되는 것이다.

패션으로부터 배제되는 것은 무엇을 뜻하는가? 뒤에서도 살펴보겠지만, 패션으로부터 배제된 존재는 노인뿐만이 아니라 장애인 등 사회적 약자다. 여성이나 퀴어 등 권력의 측면에서 논의되는 소수자와는 맥락이 조금 다르다. 노인과 장애인은 기능적 측면에서의 소수자다. 경제 성장을 추구하고 개인의 발전을 강조하는 사회에서 노인과 장애인은 생산 가능한 존재가 아니라고 여겨지는 것이다. 패션은 정체성의 표현이자 모방과 차별화를 오가는 현상인 만큼 타인과의 교류에서 나타나는 현상이다. 그러니까 이들이 패션 세계에서 잘 보이지 않는 이유는 분명하다. 사회적 공간에서 나타나지 않기 때문이다. 보부아르는 노인이 타인과 상호작용할 수 있는 기회를 빼앗겼다고 말했다.[47] 즉, 패션에서의 배제는 사회적 비가시성을 뜻한다. 거리에서, 일터에서, 일상의 환경에서 자주 등장하지 않는 존재. 반대로 고령화사회에서 더 많은 노인이 일하게 되고 가시성이 높아지면 노인의 패션과 스타일이 어떻게 달라질지 모른다. 노인은 패션의 주인공이 될 수 없는가? 이 질문은 고령화사회의 중요한 질문으로 연결될 수 있다. 노인은 세상에 얼마나 자주, 활발하게 나타나는가?

시니어 모델은 어떻게 등장하는가

최근에는 차별과 배제의 시각에서 벗어나 다양성을 포용하기 위해 시니어 모델이 런웨이에 등장하는 경우가 많아졌다. 파리와 밀라노의 2024 봄 패션위크에서는 75%의 브랜드가 시니어 모델을 한 명 이상 기용했고, 베트멍과 스키아파렐리 쇼에서는 시니어 모델이 20%를 차지했다.[48] 미국의 패션 디자이너 바체바 헤이(Batsheva Hay)는 2024 봄 컬렉션에서 40세 이상의 여성들로만 런웨이를 구성하기도 했다. 점점 런웨이에서 시니어 모델의 가시성이 높아지고 있는데, 시니어 모델은 어떤 모습으로 등장할까?

다양한 나이대를 포용하기 위한 패션 업계의 노력에는 또 다른 쟁점이 있다. 바로 노화의 전형적인 징후가 감춰진다는 것이다. 모델 **카르멘 델로피체(Carmen Dell'**

Orefice)는 90세가 넘은 나이에도 불구하고 '노인'처럼 보이지 않는다. 노인처럼 보인다는 것은 무엇인가? 앞에서 노인이 마땅히 입어야 할 스타일이 사회문화적으로 강조됨을 지적했지만, 여기서 말하는 노인다움이란 신체의 자연스러운 노화다. 카르멘 델로피체의 일부 사진에서는 얼굴의 주름이 확인되지만, 주름이 눈에 띄지 않아 머리만 백발인 중장년 모델 같아 보이는 사진도 많다. 시니어 모델에게도 여전히 '젊음'이라는 이상적 기준이 내부에 존재한다. 이들은 노화를 옹호하고 대변하는 '모델'이 아니다. 우리나라 매체에서 40~50대 연예인을 두고 '나이가 믿기지 않는 외모'를 강조하는 경우와 일치한다. 노화를 거스르는 것이 이상적인 노화인 것처럼 칭송받는 현상이다. 즉 시니어 모델의 유무와 별개로 여전히 노화하는 몸은 이상에서 벗어나 있으며, 노화의 통제가 사회적으로 요구되고 있음을 알 수 있다.

이러한 노화의 통제는 여성의 몸에 더 가혹하게 요구된다. 시니어 여성 모델은 노화를 최대한 축소하고 젊음을 구현하기 위해 노력한다. 여성은 나이가 들어가면서 점점 '안티에이징'에 힘을 쏟는데, 젊음의 유지가 여성에게 더 강조되기 때문이다. 이는 여성의 노화가 '여성성'으로부터의 추방으로 여겨지기 때문이다.[49] 사회가 규정한 '여성성'은 젊음과 결부되어 있다. 남성이 나이 들어가면서 권력을 얻는 경향과는 달리, 여성은 나이 들어가면서 '여성성'을 잃고 이상적이지 않은 존재로 주변화된다.

패션계에서 나타나는 노인은 '성공적인 노화'를 가리킨다. 이는 이상적인 미적 기준에 최대한 부합하기 위해 노력한 결과물이다. 앞에서 언급한 델로피체는 아주 길고 날씬한 몸매로, 여성의 이상적인 신체를 전형적으로 나타내고 있다. 이렇게 이상과 결부된 성공적인 노화는 건강 관리, 자기 관리 담론과 결탁하여 나이 들어가는 과정의 이상적인 경로를 설정하고, "우아하고 아름답게 늙는다"는 문구와 함께 화장품, 피부 관리 기구 및 서비스 등의 상품을 위해 상업화된다.

이처럼 패션 산업에서는 시니어 모델이 등장하더라도 노화의 징후가 삭제되거나 젊음을 기준으로 한 아름다움의 기준을 완전히 체화한 모습으로 나타난다고 정리할 수 있다. 이는 오랫동안 우리 사회에서 지속되어온 노화에 대한 거부를 부추긴다. 노화를 긍정하지 않는 노인의 모습은 어떤 메시지를 줄 수 있는가? 패션 산업이 중년과 노인 여성이 가진 패션에 관한 욕구를 인정하지 않는 경향은 노화되는 여성 신체를 사회적으로 바람직하지 않다고 여기는 시선을 내면화하는 데 기여한다.[50] 여성이 마르고 날씬한 몸을 추구하는 사회의 미적 기준을 내면화하면서 스스로의 신체를 검열하고 재단하듯이, 여성은 나이 들어가는 과정에서도 젊음 중심의 미적 기준을 내면화하면서 젊음으로부터 벗어나는 신체를 긍정하지 못한다.

인류는 노인을 쓸모없는 존재로 규정해오지 않았다. 노인의 연륜과 지혜를 존경하던 시절도 분명 있었던 만큼 노화를 긍정하고 수용하는 사회는 전설 속에만 존재하지 않을 것이다. 아무도 노화로부터 벗어날 수 없기에 노화를 어떻게 받아들일지의 문제는 우리 모두 필히 고민해야 할 주제다. 이 질문에서부터 출발해보자. 시니어 모델은 어떻게 등장해야 하는가? 시니어 모델이 아주 보통의 노화를 대표할 수 있을 때, 우리는 노화를 자연스럽게 받아들일 수 있지 않을까?

노인은
타자인가

패션 미디어 플랫폼 'The fashion Spot'에서 분석한 자료에 따르면 2022년 SS 시즌 세계 4대 패션위크에서 등장한 시니어 모델은 0.78%에 불과하다.[51] 심지어 런던 패션위크에서는 등장하지도 않았다. 시니어 모델을 등장시키는 브랜드는 많아졌지만, 여전히 소수에 불과한 시니어 모델은 존재만으로 젊음 중심의 미적 관념을 넓힐 수 있을까? 앞에서도 다루었지만, 등장만으로 다양성을 충족할 수 있다고 여기는 태도는 토크니즘으로 연결된다. 실질적인 개선은 이루어지지 않고, 명목만 챙기는 것이다.

어쨌든 긍정적인 점은, 노화를 삭제하는 패션에 대한 문제의식을 기반으로 젊음 바깥의 패션을 탐구하는 시도가 시작되고 있다는 것이다. 혹시 해외에 한정된 이야기 같은가? 국내에도 좋은 시도가 하나 있다. 사진작가 김동현은 서울 곳곳에서 스타일리시한 노인을 촬영하여 『MUT』이라는 사진집을 발간했다. 그의 사진집에는 어르신들의 개성 있는 스타일이 가득하다. 모두 스스로를 꾸미고 표현하는 행위를 누리는 주체로 등장하고 자신감 넘치는 태도다. 사진집의 앞부분에는 이런 말이 있다.

"어르신들의 스트릿 패션 사진을 찍기 시작하며 종종 놀랍다는 소리를 들었다. (중략) 우리가 몰라본 거다. 노인들은 추레하게 입을 것 같다는 생각, 젊은 사람들이 더 잘 입을 거라는 생각에 어른들의 패션 세계를 몰라본 거다."[52]

이 말은 지금까지 우리가 오해해온 패션과 노인의 관계를 잘 설명한다. 이 오해를 뒤집었을 때 우리는 무엇을 얻게 될까? 자발성도 적극성도 사라진 존재처럼 노인을 규정하는 방식으로부터 벗어난다면 무엇이 변화할까? 정말로 노인은 패션의 주체가 될 수 없을까?

우선 노인에 대한 타자화에 존재하는 비논리적인 점을 짚고자 한다. 아무도 시간의 흐름을 거스를 수 없고 노화를 막을 수 없기에 노인은 완전한 타자라기엔 동일시될 수 있는 가능성을 품고 있다. 문제는 사람들이 노인을 볼 때 미래 자신의 모습이 아니라, 자신과 완전히 분리된 존재처럼 여기는 것이다.[53] "너도 늙어봐라"라는 말은 모두가 결국 노화의 대상이 된다는 사실을 내포한다. 그러나 이 말은 아무 변화도 일으키지 못한다. 우리는 직면하기보다 회피하기를 더 쉽게 택하기 때문에, 노화를 수용하기보다는 막기 위해 노력한다. 어쩌면 우리의 문제는 노력을 통해 노화를 피할 수 있다는 환상에 기인할지도 모른다. 이런 방식은 자본과 지위를 갖춘 사람들이 더 효과적으로 건강과 젊음을 추구하게 되면서 또 다른 박탈을 낳는다.

노인을 미래 자신의 모습이라고 인정할 때, 노화에 대한 다양한 고민이 시작될 수 있을 것이다. 어떻게 늙어갈 것인지, 노화를 어떻게 수용할 것인지, 변해가는 몸과 어떻게 새로운 관계를 맺어갈 것인지. 패션의 시각은 적절한 도움이 될 것이다. 트렌드를 향유하는 문화적 주체의 관점, 아름다움을 정의하는 기준의 관점, 스스로의 개성과 스타일리시함을 추구할 수 있는 소비자의 관점으로 노인의 주체성과 적극성을 포착할 수 있다. 이때 비로소 우리는 노인에 대한 시각, 노인과의 관계를 돌이켜보고, 나이 든 자신에 대한 생각을 진전시킬 수 있을 것이다.

패션과 장애

소수자 논의에 늘 등장하는 또 다른 주체가 있다. 존중과 포용이 절실한 영역이자, 사회적 무관심을 가장 반성하게 되는 부분이다. 최근에는 지하철 시위로 시선을 끌었던 분들. 장애인은 어쩌면 소수자 중에서도 차별과 배제로 인한 어려움을 가장 물리적으로, 그래서 직접적으로 겪는 존재가 아닐까. 이번 글에서는 장애인의 패션 환경을 통해 장애인이 직면한 소외를 살펴보려 한다.

장애인은 의복과 패션을 누릴 수 있는가

먼저 의복과 패션이라는 두 개념의 차이를 짚어보자. 의복은 물리적 개념으로, 추위나 다른 위협으로부터 몸을 보호하기 위해 입는 옷을 가리킨다. 반면 패션은 추상적인 개념이다. 유행, 트렌드를 뜻하며 옷에 국한되지 않는다. 의복이 생존의 영역이라면, 패션은 자아와 취향을 반영한 사회적인 표현이다. 의복과 패션의 개념을 고려하면, 우리가 옷을 입는 이유는 기능적 목적과 사회적 목적 두 가지로 정리할 수 있다. 전자는 신체 보호나 사회구성원으로서의 존엄성을 지키고 규범을 준수하기 위한 필수적인 행위를 설명하고, 후자는 정체성을 표현하고 상징적 의미를 전달하는 문화적 행위를 설명한다. 장애인과 관련해서는 의복과 패션을 구분해서 논의할 필요가 있다. 먼저 의복부터 살펴보자.

의복은 일상의 편의가 보장되어야 한다. 입고 벗기 힘들고, 움직이기 불편하거나, 솔기가 따갑고, 허리춤이 계속 내려가는 옷을 입으면 하루 종일 괴롭지 않은가. 편리한 의복은 생활에 기본적으로 충족되어야 할 요소다. 장애인의 경우에는 이 의복에 대한 접근성이 낮다.

보통의 옷은 비장애인을 기준으로 제작되는데, 장애인이 비장애인의 옷을 입기에는 불편한 점이 많다. 특히 외부 신체기능의 장애가 있는 경우가 그렇다. 앉았다 일어서면 허리춤을 끌어올리거나 바짓단을 내리는 등 옷매무새를 정리해야 되는 것처럼, 휠체어 사용자는 허리춤이 내려가고 발목이 시린 불편함을 감내해야 한다.[54] 몸이 대칭이 아닐 경우에는 한쪽이 흘러내리기도 하고, 어깨나 팔 부분이 움직이기 불편할 수도 있다. 스스로 옷을 입고 단추를 채우기 힘들 수도 있다. 바로 이것이 장애인을 위한 별도의 디자인이 필요한 이유다.

국내에는 장애인 의복이 특히 부족하다. 삼성물산의 '하티스트'와 이베이코리아의 '모카썸위드'[55] 외에는 장애인 패션 브랜드를 찾기 힘들다. 해외에는 타미힐피거가 2017년에 장애인 라인을 런칭한 걸로 알려져 있는데,[56] 국내 검색포털에 찾아보니 선택권은 6개뿐, 그것도 모두 남성복이다. 공급이 적다 보니 가격도 비싸다. 우리나라 장애인은 편안한 의복을 찾기도, 합리적인 가격에 구입하기도 어려운 환경이다.

장애인을 위한 의복은 무엇이 달라야 하는 걸까? 조사와 연구에 시간과 비용이 많이 들기 때문에 분야가 한정적인 걸까? 장애인 의복 디자인에 관한 연구[57]에서는 다음과 같은 조건을 요구한다.

- 움직이기에 자유로움
- 스스로 입고 벗을 수 있음
- 안전하고 편안함
- 세탁이 용이하고 쉽게 구겨지지 않음
- 보온 및 통풍, 땀 흡수

마지막 두 조건은 비장애인의 의복에서도 중요하게 고려되는 요건이고, 적절한 소재를 활용하면 되므로 어렵지 않다. 그렇다면 장애인이 움직이기 편하고, 쉽게 입고 벗을 수 있으며, 편안한 옷은 어떻게 만들 수 있을까? 바로 디테일이다. 휠체어 사용자에게는 오래 앉아 있어도 옷이 흘러내리지 않도록 바지 허리 뒷부분이 더 길어야 하고, 바지 밑단도 길어야 한다. 스스로 입고 벗기 편하도록 자석단추를 달거나 고리가 달린 지퍼를 활용해도 좋다. 삼성물산 브랜드 '하티스트'는 코트 뒷면의 길이를 조정해 오래 앉아 있어도 불편함이 없도록 만들었고, 어깨에 바느질 솔기가 아니라 밴딩을 숨겨두어서 편하게 움직일 수 있도록 디자인했다.

한편 장애인은 의복에 대한 선택지가 좁기 때문에 패션을 선택할 수 있는 범위 또한 제한적이다. 그때그때 유행에 맞춰 옷을 제작할 만한 산업 구조가 갖춰지지 못했고, 스타일링의 측면에서도 스스로 지퍼를 올리고 단추를 채우기 어렵기 때문에 밴드 바지만 입어야 하는 등 선택이 자유롭지 못하다.

패션을 추구하고 자유롭게 스타일링할 수 있는 환경은 중요하다. 자신의 취향을 이해하고, 표현하고, 선택하고, 가꾸는 것은 한 개인에게 큰 영향을 미치는 일이다. 원하는 옷을 골라 스스로를 꾸미고 나갈 수 있는 것은 긍정적인 자기표현이자, 세상과 만나는 능동적인 태도와 연결된다. 패션은 자아정체성을 표현하고, 자신감을 표출하며, 삶에 대한 주체적인 태도를 형성한다.

미국의 장애인 스타일리스트 스테파니 토마스(Stephanie Thomas)는 장애인을 위한 패션 라이프스타일 플랫폼을 개발했다.[58] 스테파니는 장애인 스타일링을 교육하고, 장애인 패션잡지를 제작하기도 하면서 다양한 직업의 장애인이 열정적으로 활동하는 모습을 보여준다.[59] 스테파니가 장애인에게 스타일링을 강조하는 이유는 하나다. 장애인도 당당하고 빛나는 삶을 살 수 있다는 걸 보여주고 싶기 때문이다.

다양성 주제에서 장애인에 대한 별도의 논의가 필요한 이유는 이들이 마주하는 차별 중에 특별한 맥락이 존재하기 때문이다. 바로 사회의 물리적 인프라이다. 패션에 대한 접근성이 부족한 것은 사회의 기초적인 생활 인프라에서 소외된 현실을 보여준다. 일상을 영위하기 위해 필요한 요소가 충족되지 않는 것이다. 이동권 보장을 위해 목소리를 높여야 하는 것도, 옷이라는 삶의 기본 요소에 대한 선택권이 부족한 것도 모두 일상과 직결되는 부분이다. 매일을 살아가면서 물리적인 차별을 직면해야 한다.

시각장애인 유튜버 원샷한솔은 장애가 문제가 아니라 세상이 문제라고 말한다. 바꿔야 할 것은 장애가 아니라 세상이라고. 이는 '포용성(inclusion)'이라는 개념과 연결된다. 다양성이 존중의 태도를 의미한다면, 포용성은 실질적인 노력을 의미한다.[60] 모두를 포용하는 사회 시스템을 형성하기 위해 '실천'이 강조된 개념이다. 포용성은 서로 다른 개개인이 차별, 배제, 소외받지 않도록 조직적인 노력이 필요함을 강조한다. 장애인을 존중하는 것에 그치지 않고, 이들이 비장애인처럼 일상을 누릴 수 있기 위한 방법을 고민하고 실행해야 하는 것이다.

보건복지부에 따르면 우리나라의 장애인은 약 264만 명으로, 전체 인구 중 약 5%를 차지한다.[61] 20명 중에 1명이 장애인이라는 것이다. 개인적으로 장애인을 마주한 경험에 비하면 생각보다 높은 비율이다. 이는 이들을 위한 사회적 시스템이 미비하기 때문이 아닐까. 바로 이 지점에서 관심과 포용의 필요를 절실히 느낀다.

패션 업계는 시즌마다 새로운 디자인을 위해 다양한 디테일을 열심히 고민하고 개발한다. 반면, 장애인 의복 디자인은 매 시즌 새로울 필요도 없고, 장애의 형태에 따른 유형화된 접근이 가능하다. 패션 업계에서 접근하기 힘든 영역이 아니라는 뜻이다. 장애인 패션이 발달하지 않은 이유는 디자인이 어렵거나 비용이 많이 들고 수지가 맞지 않다는 것보다는, 장애인의 일상적인 삶에 대한 사회적 무관심이 더 크다.

> **"장애인을 위한 옷을 만드는 건 좀 더 많은 대화가 필요할 뿐, 대단한 고민이 필요한 게 아니다."**_마리아 오설리반 아베이라트네(장애인 패션 플랫폼 Adaptista CEO)

'비정상'은 아름다울 수 없는가

장애인 패션을 연구하는 몇몇 논문에서 명시한 디자인 기준 중에 '비장애인과 달라 보이지 않을 것', '장애 부위를 감출 수 있을 것'이라는 조건들을 마주했다. 왜 달라 보이지 않도록 신경 써야 할까. 왜 장애 부위를 감추려고 애써야 할까. 이 기준의 이면에는 장애인으로 보이고 싶지 않다는 욕구가 있었다. 감추고 싶은 마음이 잘못된 것이 아니다. 다만, 돌이켜보아야 할 부분이 있다. 장애인이 그러한 욕구 또는 필요를 느끼는 이유는 분명하기 때문이다. 장애인에게는 항상 시선이 닿았을 것이고, 그 시선은 호감을 내포하지 않았을 것이다. 장애인에 대한 우리의 시선은 어떻게 향하고 있을까?

현대 사회는 아름다움을 협소한 범위로 제한하고 지나치게 우상화한다. 마르고 날씬한 몸, 정형화된 신체 비례 등 견고한 미적 기준을 제시하고 강요하는 것은 이미 여러 번 지적된 사실이다. 그중 기본적인 전제처럼 수용되는 '정상'에 대한 기준이 있다. 사회는 비장애인의 신체를 정상으로 규정하고, 이렇게 정의된 정상성을 미적 기준의 기본값으로 적용한다. 장애인의 신체는 아름다움에 대한 논의에서 제외되며, 종종 혐오에 가까운 시선을 감내하곤 한다.

장애인의 신체도 그 자체를 아름답게 여길 수는 없는 걸까? 물론 이들의 신체가 비장애인으로부터 아름다움을 인정받아야 할 필요는 없지만, '정상'의 경계를 허무는 것에 의의를 두고 '아름다움'의 범주를 고민해 보자. 장애인의 신체를 아름답게 표현한 사례를 고민하니, 떠오르는 작품이 있다. 바로 "밀로의 비너스"다. 두 팔이 없는 상태임에도 불구하고 신체적 아름다움의 상징으로 여겨지는 작품이다. 이 작품은 두 팔을 복원하지 않고도 아름다움을 인정받았으며, '정상'의 기준에서 벗어났음에도 완전무결한 아름다움을 추구할 수 있다는 가능성을 보여주었다. 실제로 "밀로의 비너스"는 장애인 위인을 기념하는 동상을 만들 때 비장애인처럼 묘사하지 않고 장애를 있는 그대로 표현하는 것에 영향을 미쳤다고 한다.[62] 하지만 "밀로의 비너스"는 장애인의 신체를 의도하고 만든 작품이 아니며, '유물'이라는 특성 때문에 두 팔의 부재는 장애보다 세월의 흔적으로 인식되기 쉽다.

그렇다면 장애를 포용하고 장애인의 신체를 의도적으로 표현한 사례는 무엇이 있을까. 1998년 사진작가 닉 나이트(Nick Knight)가 촬영한 "Access-Able"이라는 제목의 사진 작품 시리즈가 있다.[63] 장애인을 모델로 한 패션 사진으로, 육상선수이자 배우로 활동하는 에이미 멀린스(Aimee Mullins), 무용수 데이브 툴(Dave Toole) 등 다양한 모습의 장애인을 촬영했다. 작품은 아무런 배경 없이 장애인의 신체에 집중했고, 장애를 숨기지 않으면서 특별한 매력을 드러냈다. 작품에서는 모델을 존중하는 시선이 느껴진다. 특히, 아래에서 구도를 잡은 에이미 멀린스의 사진에서는 동경의 시선까지 느껴진다. 닉 나이트는 불완전함이 시선을 이끄는 또 다른 매력임을 강조하며, '정상'에 대한 기준으로 아름다움을 정의하는 사회적 규범에 도전했다. 장애인의 신체를 아름답게 표현할 수 있는 가능성을 입증하고, 아름다움에 대한 범위를 넓히고자 했다.

길거리에서 신체적 장애를 가진 사람을 마주쳤다고 생각해보자. 우리는 장애에 시선을 두느라 그 사람의 다른 특징은 잘 들여다보지 못한다. 장애라는 특징은 시각적으로 너무나 강렬해 다른 신체적 특징을 약화시켜버린다. 그 사람의 고유한 분위기, 매력, 역동적인 모습 등 다양한 특징들은 장애에 가려져 보이지 않는다.

엘렌 스톨(Ellen Stohl)은 이미 1987년에 장애에 대한 지나친 시선을 지적하며 잡지 『플레이보이』에 누드사진을 게재했다.[64] 자신이 장애인이기 전에 여성이라는 사실을 보여주기 위함이었다. 엘렌 스톨은 자신의 신체에서 장애가 너무나 두드러져서 사람들은 자신을 장애인으로만 규정할 뿐이라며, 장애와 성적 매력을 동시에 전달할 수 없는 현실에 도전했다. 엘렌 스톨은 『플레이보이』가 여성을 성적 대상화하는 잡지라고 해도, 장애인은 그 논의에서조차 제외된다는 점을 언급했다.[65] 엘렌 스톨의 사진은 남성을 만족시키기 위해서가 아니라, 자신의 성적 매력을 장애와 구분하고, 축하하며, 스스로에 대한 재발견을 위한 것이었다.

마크 퀸(Marc Quinn)이라는 작가는 1999년부터 8년에 걸쳐 "완전한 대리석 조각"이라는 제목으로 장애인의 신체를 묘사한 작품을 시리즈로 선보였다.[66] '완전하다'는 제목에서부터 장애인의 신체가 그 자체로도 온전할 수 있음을 의도한다. 그중에는 2005년 런던의 트라팔가 광장에서 전시된 작품이 있다. **"임신한 앨리슨 래퍼"**라는 작품으로, 두 팔이 없고 아주 짧은 두 다리를 가진 앨리슨 래퍼가 임신한 모습을 조각한 작품이다. 이 작품은 장애인 신체의 성적 매력을 드러내는 것뿐만 아니라 장애와 임신 가능성, 생식력을 함께 보여주었다.[67]

위 두 작품은 장애인 신체를 그 자체로 아름답게 표현함과 동시에 장애에 집중되는 무거운 시선을 덜어낸다. 그 대신 성, 임신과 같은 주체적인 삶의 양상에 시선을 유도하고 장애인이 영위하는 삶의 활력을 보여준다. 덕분에 장애인의 삶이 어렵고 불편한 면만 있는 것이 아니라는 사실을 뚜렷이 이해할 수 있다.

혹자는 건강하고 균형적인 상태에 대해 본능적인 매력을 느낀다고 말할 수도 있다. 우리는 본능적으로 최상의 조건에 끌리며, 이상적인 상태를 아름답다고 인식한다는 것이다. 반면, 장애는 고통과 괴로움, 죽음과 같은 직면하고 싶지 않은 가능성을 상기시키기 때문에 두려움과 공포를 일으키고 꺼리게 된다는 것. 틀린 말은 아닐 것이다. 하지만 항상 맞다고 말할 수도 없다.

장애인과 비장애인은 건강함과 건강하지 않음, 균형과 불균형으로 무 자르듯 나뉘는 게 아니다. 비장애인에게도 건강하지 않고 불균형한 모습이 있고, 장애인에게도 건강하고 균형적인 모습이 있다. 장애가 꼭 건강하지 않은 상태를 의미하는 것은 아니다. 손가락과 발가락이 두 개뿐인 샌디 이(Sandie Yi)는 '크립 쿠튀르(Crip Couture)'라는 프로젝트를 통해 의복, 신발, 액세서리를 디자인했다.[68] "Animal Instinct", "Gloves for 2"와 같이 자신의 손과 발에 맞는 작품을 제시하면서 장애는 개선의 대상이 아닌 포용의 대상임을 강조했다. 규범화된 신체 형태에 맞추는 것이 아니라, 자기만의 편하고 만족스러운 상태를 추구했다. 장애를 꼭 바꾸고 고쳐야 하는 것으로 여기는 시선을 지적한 것이다.

그동안 비장애인의 편협한 시선을 지적하고 극복한 많은 노력이 있었다. 장애인을 표현한 다양한 예술작품은 시선으로부터 숨어버린 장애인의 모습을 수면 위로 올리고, 아름다움에 대한 새로운 기준을 제시했다. 20세기에 이미 장애인의 아름다움을 전달한 작품이 많았음에도 불구하고 21세기의 인식이 크게 달라지지 않았다는 사실이 안타까울 뿐이다.

정상의 기준이란 견고하고, 우리는 틀에 박혀 살고 있다. 그동안 비장애인만 아우르는 미적 기준이 다양한 가능성을 제한해왔음을 깨닫는다. '정상'이라는 견고한 기준에 도전했을 때 우리는 외면받았던 가치를 발견할 수 있다. 당신은 인간의 아름다움을 어떻게 규정하고 싶은가?

어쩌면 장애는 언제 누구에게 생길지 모르는 일이다. 예측할 수 없는 미래에 혹시나 내가 현재와 같은 모습으로 존재할 수 없다면 부족한 인프라가 얼마나 고통스러울지 두렵기만 하다. 장애에 대한 포용은 예측불가능한 미래에 대한 대비가 될 수도 있다. 물론 이 관점은 미래의 가능성을 인식해야만 장애인의 존재를 존중하고, 실천적으로 포용할 수 있는 것처럼 논의를 제한할 수도 있다. 중요한 건 장애인이 그 존재 자체로 존중받고 장애인만의 새로운 주체성으로 살아갈 수 있는 사회, 장애인의 관점과 의견을 그 자체로 중요하게 여길 수 있는 사회다. 세상이 모든 삶을 아우를 수 있는 곳으로 거듭나길 바란다.

인간의 경계는 어디까지인가

앞에서 언급한 에이미 멀린스의 이야기로 다시 돌아가보자. 에이미 멀린스는 의족을 착용했는데, 한 패션 디자이너가 그의 의족을 다양하게 디자인했다. 바로 알렉산더 맥퀸이다. 맥퀸은 세 쌍의 의족을 디자인했는데, 하나는 유리, 하나는 스와로브스키 크리스탈, 하나는 나무로 만든 의족이었다.[69] 이 중 실제로 제작된 것은 나무 의족이었고, 에이미 멀린스는 이 의족을 신고 1998년 알렉산더 맥퀸의 SS99 패션쇼 런웨이에 올랐다.

이 의족, 보조 기구(prosthesis)*의 본래 목적은 패션의 범주 바깥에 위치한다. 신체의 기능을 수행하기 때문이다. 그런데 맥퀸은 의족을 디자인함으로써 보철물을 복식의 범주에 넣었다. 장식 가능하다는 점은 의족이 손상을 보완하는 매개체가 아니라, 평소 꾸미고 장식하는 신체와 다를 바 없음을 보여준다. 몸과 분리된 기계가 아닌, 몸의 새로운 일부가 된 것이다.

이는 보조 기구가 가지는 본질적 성격에 변칙을 가져오는데, 보조 기구는 '본래의' 몸이 아니기 때문에 주체의 몸과 구분되는 타자의 성격을 지니기 때문이다.** 보조 기구는 착용자의 취향과 의지를 바탕으로 장식됨으로써 몸과 분리되는 부수적 기계가 아닌 기존 신체에서 확장된 신체가 된다. 즉 맥퀸의 디자

* 'prosthesis'라는 개념은 의족, 의수를 비롯해 치아 보철물, 인공 장기처럼 신체의 기능을 대체하는 기구를 넓게 가리키는 개념이다. 한국어로는 '보철물', '보조 기술', '보충 기술', '보조 기구', '인공 신체' 등으로 번역되는데, 여러 형태의 기구를 포함하기 위해 여기서는 '보조 기구'로 지칭한다. 이 글에서 보조 기구는 인공수족인 의지(義肢)와 시력 교정 기구인 안경 등을 포함한다.

** 몸과 인공 신체의 관계는 양가적이다. 주체인 동시에 타자가 될 수 있기 때문이다. 그 특징은 사이배슬론이라는 국제 대회를 분석한 이재준(2022)의 논문에 자세히 설명되어 있다. 사이배슬론은 의수나 의족, 재활 로봇, 전동 휠체어 등 보충 기술을 사용하는 사람들이 참여하는 스포츠 경기다. 경기에 참여하는 사람들은 스스로의 신체를 원하는 대로 움직일 수 있기 때문에 자율성을 가지지만, 보충 기술에 의존하고 있으므로 타율성을 동시에 가진다. (이재준, 「사이배슬론에서 포스트휴먼 장애의 특성」, 『인문과학연구』 74, 2022, pp.243-274.)

인은 손상된 신체가 아닌 변형된 신체와 새롭게 관계를 맺는 과정을 보여주었다. 손상되어 대체된 부위가 아니라 타인과 다르게 장식할 수 있는 개성적 요소로 전환된 것이다.

이러한 관점은 보조 기구를 착용한 장애인의 몸을 둘러싼 관념에도 영향을 미친다. 개인의 취향을 반영한 예쁜 보조 기구를 착용하면 착용자가 몸의 새로운 부분을 긍정적으로 인식할 수 있을 뿐만 아니라, 이를 보는 사람(비장애인)도 장애에 대한 인식을 재구성할 수 있다.[70] 이미 SF 장르에서는 보조 기구로 인물의 정체성을 형성하거나, 보조 기구를 착용한 인물을 인간의 범주를 초월하는 새로운 존재로 묘사한다. 마블 영화만 해도 아크원자로 심장을 가진 아이언맨, 금속 팔 버키, 하반신 마비인 제임스 로드 중령 등 여러 '장애인'이 등장했다. 시청자의 시선에서 이 보조 기구는 기능적 역할을 넘어서 인물의 개성적인 모습을 형상화하는 중심 요소가 된다. 물론 이 '장애인' 인물들은 굉장한 무력을 갖춤으로써 히어로라는 선망의 대상으로 나타날 수 있었기에 비현실적이지만, 보조 기구가 개인의 정체성을 차지하는 한 부분이 될 수 있다는 가능성에 주목해보자. 개인의 정체성은 복식, 신체적 외양, 담화 등을 통해 전달되며, 물질적이고 사회적인 의미를 통해 자아를 구성한다.[71] 이 맥락에서 보조 기구는 더 이상 몸과 분리된 차가운 기계에 그치지 않는다.

대조적인 사례를 보자. 우리나라에서 판매되는 의수는 96%가 미관을 목적으로 제작된다.[72] 즉 비장애인의 손과 비슷한 형태, 색깔로 만들어지는 것이다. 얼핏 보면 알아볼 수 없을 정도인데, 자세히 보거나 만져보면 차이를 금방 알 수 있다. 이처럼 비장애인의 신체를 재현하는 보조 기구는 장애를 숨겨야 하는 것으로 인식하는 시선을 반영한다.

반대로 의수나 의족을 '신체 같지 않게' 꾸미는 것은 그 정상성 밖을 탐구하는 과정이다. "정상성의 결여"가 아닌 "신체의 확장"으로서 접근한다.[73] 우리에게 필요한 건 상상력이다. 어떤 색도, 무늬도, 소재도 활용할 수 있는 무궁무진한 가능성이 펼쳐졌다. 정상의 바깥에는 무엇이 있을까?

다만 문제가 있다면 접근성이다. 다양한 디자인의 보조 기구에 접근할 수 있는 장애인은 많지 않다. 특히 우리나라에는 거의 없을 것이다. 보조기구 디자인은 거의 해외에서 논의되고, 실제로 의족을 다양하게 디자인하여 판매하는 브랜드는 해외에서만 확인된다. 앞에서도 보았듯 장애인의 '패셔너빌리티'에 대한 인식이 개선될 필요가 있다.

패션 산업과 보조 기구에 관한 글을 쓴 이수영 에디터는 패셔너블한 아이템이 된 보조 기구의 대표적인 사례로 안경을 꼽는다.[74] 안경은 시력 교정이라는 의학적 목적을 위해 개발된 보충 기술이지만, 지금은 다양한 스타일이 출시되고 있고 착용자의 정체성 표현에도 영향을 미치는 복식의 일부가 되었다.[75] 패션이라는 관점이 더해지면서 안경은 신체 기능을 보충하기 위한 기존의 목적이 후순위로 밀려났고, 시력 교정보다 디자인이 우선시되거나 보충 기술이 필요하지 않아도 자발적으로 착용하는 경우가 많아졌다. 물론 불편의 정도가 크지 않고 다수의 사람들이 시력 교정을 필요로 하기 때문에 안경은 원래부터 접근성이 높은 기구였지만, 패션은 분명히 확산의 촉매제였다. 시력교정술에 패셔너블함이 추가되는 순간 대중화되었다. 그렇다면 장애인의 패셔너빌리티가 인정받는 순간 장애인의 가시성이 높아질지도 모르는 일이다.

안경도 보조기구라는 재미있는 예시는 우리에게 중요한 깨달음을 준다. 바로 우리의 '의존성'이다. 비장애인도 시력이 나쁘면 시력교정술에 의존해야만 앞을 제대로 볼 수 있다는 것이다. 장애인을 불완전하고 결핍되고 의존적인 존재로 바라보는 시각은 비장애인을 완전하고 정상적이고 독립된 존재로 바라보는 환상에 기반한다.[76] 보조 기구는 이러한 정상성 신화에서 벗어나 인간의 의존성에 대해 새롭게 해석할 수 있는 기회를 제공한다. 우리가 당연하게 여겼던 인간의 범주, 비장애인을 둘러싼 정상의 이데올로기에서 벗어났을 때 우리는 무엇을 받아들일 수 있고, 무엇이 될 수 있을까? 철학자 주디스 버틀러는 우리의 의존성을 자각하는 것이야말로 공동체에서 함께 살기 위한 방법이라고 말했다.[77] 이는 사회적 관계를 염두에 둔 말이었지만, 비장애인의 완전성과 독립성에 대한 환상에서 벗어나 의존성을 인식한다면 자아와 몸의 관계에서부터 자아와 타자의 관계까지 재정의하는 기회로 나아갈 수 있을 것이다.

패션과 여성

패션에서 여성은 어떤 존재일까. 패션 산업에서 여성은 양면적 존재다. 한쪽에서는 뮤즈로서 등장하고, 한쪽에서는 의류 제조업의 노동자로서 등장한다. 후자의 젠더화된 노동은 뒤에서 구체적으로 살펴보기 때문에 이번 챕터에서는 패션이 그리는 여성과 여성성에 주목하고자 한다.

여성성이란 무엇인가

성 개념은 보통 세 가지로 분류된다. 섹스, 젠더, 섹슈얼리티*다. 섹스는 생물학적 성별을 뜻하고, 젠더는 성을 규정하는 사회적인 개념을 가리키는데, 섹스와 젠더에 대한 논의는 많이 이루어져왔다. 그렇다면 섹슈얼리티는 어떨까. '여성적인 것'과 '남성적인 것'은 선명하게 구분되어왔고, 패션은 역시 이 이분법을 반영하는 동시에 탈피하며 역동적으로 활용해왔다. 그중에서도 디올은 섹슈얼리티 논의의 중심에 있는 브랜드다.

* 섹슈얼리티는 영어사전에서 '성생활' 또는 '성적 취향'으로 해석되지만, 그보다 더 포괄적인 용어다. 성적 욕망이나 행동, 성적 현상, 성적 심리, 성에 대한 이념, 제도나 관습에 의해 정의되는 요소들 등 '성적인 모든 것'을 아우른다. 인간이 성에 대해 갖는 가치관, 사고방식, 감정 등도 포함된다. 이를테면 본 글에서 언급하는 여성의 섹슈얼리티란 여성의 몸에서 성적으로 표현되는 모든 신체부위, 방식, 관습적으로 정의된 요소, 이를 이해하는 사고 등 성적인 모든 것을 가리킨다. (성기평, 「[페미니즘 용어 읽기] ①섹스&젠더&섹슈얼리티」, 『우먼타임즈』, 2020. 1. 30.)

디올은 '여성스러운(feminine)' 브랜드로 알려져 있다. 하지만 페미니즘이 발전되어 오면서, '여성성'에 대해 새롭게 정의해야 한다는 목소리가 많았다. '여성스럽다'라는 표현에 과연 섬세하고, 얌전하고, 우아하다 등등의 형용사가 따라붙어야만 하냐는 질문이 떠올랐다. 즉, '여성성'과 젠더에 대한 고정관념을 재조명하고 이에 대한 다양하고 포용적인 정의가 필요하단 것이다. 그렇다면 디올의 '여성스러움'은 무엇일까. 디올은 '여성성'을 어떻게 정의하고 있을까? 디올을 거친 세 명의 디자이너는 각자의 시선으로 여성성을 해석했다. 먼저 브랜드 디올의 첫 디자이너, 크리스찬 디올(Christian Dior)부터 살펴보며 디올이 추구하는 이상미를 이해해보자.

20세기 초, 세계대전을 겪는 동안 여성의 경제활동이 활발해졌다. 많은 남성이 전쟁에 징집되었고, 여성은 텅 빈 노동현장을 채웠다. 사무직은 물론, 이전에는 남성들만의 영역이었던 공장과 농촌까지도 여성이 빈자리를 채웠다. 인간성을 가장 배반하는 행위인 전쟁은 아이러니하게도 여성이 활동 영역을 넓히고 목소리를 키울 수 있었던 계기였다. 따라서 여성복에서도 실용성이 강조되고 활동이 편안한 스타일이 등장했다. 특히 샤넬(Chanel)의 디자인이 한몫했다. 샤넬은 저지 드레스, 와이드 팬츠, 그리고 그 유명한 샤넬 수트를 발표하며 코르셋을 벗어던졌다. 활동성과 실용성을 매우 중시한 샤넬의 철학은 그의 컬렉션에 여실히 드러났다.

하지만 이후 크리스찬 디올이 등장한다. 크리스찬 디올이 활동한 시기는 샤넬보다 늦은, 제2차 세계대전이 끝난 시점이었다. 디올의 첫 컬렉션은 1947년에 발표되었는데, 샤넬이 단순한 선으로 편안함을 추구했던 데에 반해, 디올은 다시 허리를 조였고, 날씬한 팔다리를 강조했으며, 엉덩이를 풍만하게 만들었다. 그것이 바로 디올의 시그니처 스타일 '뉴룩(New Look)'이다. 디올은 전쟁 이전에 유행했던 모래시계 실루엣을 다시 불러오며 전쟁의 종결을 알렸다. 여성은 '여성'의 자리로 돌아갔던 것이다.

뉴룩에서 드러나는 디올의 시각은 다소 불편하다. 그 이유는 첫 번째, 디올은 여성의 편안함에 대해서는 고려하지 않았기 때문이다. 다시금 강조된 가녀린 허리와 풍성한 치마는 일상생활에서 큰 불편함을 초래했다. 칼라(collar)는 늘어지기 쉬워 늘 주의를 기울여야 했고, 치마는 풍성함을 표현하기 위해 12m의 천이 사용됐다.[78] 디올에게 여성의 복식이란 기능 따위 없는 장식적 요소일 뿐이었다. 뉴룩은 마치 전쟁 동안 나라와 가계의 노동을 도맡았던 여성에게 '이제 원래의 너희 자리로 돌아가'라고 말하는 것 같다. 이는 여성에게 옷이란 활동복이 아닌 장식이라는 그의 대사와 일치한다.

"남자의 주머니는 실용을 위해, 여자의 주머니는 장식을 위해 존재한다."[79]_크리스찬 디올

두 번째, 디올은 남성의 시각에서 여성을 바라보았다. 뉴룩은 여성의 신체를 기이할 정도로 왜곡했던 코르셋을 연상시킨다. 실제로 '게피에르(guepire)', '웨이스피(waspie)'와 같은 속옷으로 허리를 조이고 착용했다고 한다.[80] 치마 또한 여러 층의 천과 페티코트로 풍성한 형태를 유지했다. 이와 같은 방법으로 뉴룩은 여성의 실제 신체보다 가슴과 엉덩이를 부각한 인위적인 형태를 조성한다. 실제 여성의 다양한 모습이 아닌, 사회적으로 규정된 이상적인 이미지를 구현하며 여성을 우아하고 가녀린 존재로 정의한다. 그리고 여성이라면 이와 같은 모습을 지녀야 한다는 함의를 풍긴다. 이제 막 활동성을 표출하던 여성성은 다시 사회적 시선이 강요한 신체적 조건, 그리고 '꽃처럼 아름다운 여성'이라는 이미지에 종속되었다.[81]

"1946년 12월에는 전쟁과 제복의 후유증으로 여성들은 여전히 여전사 같은 모습에 여전사처럼 옷을 입었다. 그래서 나는 둥근 어깨와 풍만하고 여성스러운 가슴, 활짝 펼쳐진 스커트 위로 한 뼘 정도의 허리를 가진 꽃처럼 아름다운 여성들을 위한 옷을 디자인했다."[82]_크리스찬 디올

디올은 후반으로 갈수록 자연스러운 곡선을 추구한 담백한 디자인도 많이 발표했다. 하지만 결국 디올의 상징으로 남은 건 뉴룩의 모래시계 라인이다. 디올을 거쳐 간 후대의 많은 디자이너들은 디올의 헤리티지를 잇기 위해 뉴룩의 재해석에 대

해 많은 고민을 거듭했다. 어쩌면 디올의 뉴룩은 디올의 한계를 설정하는 가장 단단한 새장일 수도 있다.

좀 더 가까운 과거로 돌아와보자. 디올의 다섯 번째 디자이너, 존 갈리아노(John Galliano)다. 1996년부터 2011년까지 디올의 디자이너를 맡았다.

"내가 세운 목표는 아주 단순하다. 어떤 남자가 내가 만든 드레스를 입은 여성을 쳐다보며 속으로 '저 여자와 섹스를 해야겠어'라고 생각했으면 좋겠다. (중략) 나는 그저 모든 여성이 욕망의 대상이 될 가치가 있다고 생각하는 것뿐이다."[83] _존 갈리아노

위 발언에서 알 수 있듯, 갈리아노의 디올 컬렉션에서 여성성이란 성적 매력이다. 갈리아노는 디올 이후의 디자이너 중 '뉴룩'의 곡선을 과장하고 강조하는 데 집중한 디자이너다. 여성의 신체 중에서 가장 성적인 매력이 높은 부분으로 여겨지는 가슴과 엉덩이를 도드라지게 표현하거나, 허리를 잘록하게 조이는 실루엣이 자주 등장한다. 크리스찬 디올 2004 F/W 오트 쿠튀르, 크리스찬 디올 2008 F/W 오트 쿠튀르에서 대표적으로 나타난다.

갈리아노의 다른 컬렉션 중에서는 여성의 신체를 눈에 띄게 노출한 것도 보인다. 크리스찬 디올 2000 F/W 레디투웨어, 크리스찬 디올 2005 F/W 오트 쿠튀르 등에서는 특히, 시스루룩을 통해 보일 듯 말 듯한 아슬아슬한 장면을 연출하며 에로틱

한 분위기를 가미한다. 이러한 컬렉션에서 여성의 몸은 성적인 매력만 지나치게 부각된다. 2003년 FW 레디투웨어 컬렉션에서 갈리아노는 직접적으로 '섹스 로봇'이라는 표현을 사용했다.[84] 노골적으로 파이고 달라붙는 실루엣과, 아일렛을 활용한 과장된 끈 디테일이 성적 페티시즘을 내포한다. 2009년 FW 오트 쿠튀르 컬렉션 사진에서는 '가터벨트'(스타킹을 고정하는 속옷)를 이용하는 등 성적인 분위기를 의도하고 있다.

태도의 측면에서 본다면 갈리아노의 디올은 주체적이다. 수동적이지 않고 성적 욕망에 대해 당당한 모습이다. 오히려 일부 공격적으로 보일 수 있을 정도로 신체를 드러내고 자신을 내세우는 모습 같기도 하다. '꽃'처럼 우아하고 수동적인 모습으로 정의했던 크리스찬 디올과 달리, 갈리아노는 관능적이지만 능동적인 모습으로 정의한 것이다.

하지만, 그럼에도 불구하고 갈리아노의 디올은 여성성을 에로틱한 매력으로만 정의했다는 아주 큰 한계가 있다. 갈리아노가 정의한 여성은 태도는 당당할지 몰라도, 노출이 가득하고 페티시를 잔뜩 표현한 모습에서 남성적 시선이 강하게 묻어난다. 자신의 성적 욕구에 솔직한 모습보다는 타인의 성욕을 자극하기 위한 모습에 가깝고 그 자체로 '성적 대상'으로 존재할 수밖에 없다. 드라마 〈에밀리, 파리에 가다〉에서 에밀리는 나체의 여성이 남성들 사이로 당당히 걸어가는 광고를 보고 성차별적이라고 지적한다. 광고주는 섹시하고 싶어 하는 욕망을 실현할 수 있는 당당한 순간이라고 옹호하지만, 이는 남성의 시각에서만 이상적인 모습이며 여성의 몸을 대상화한 것이다. 갈리아노의 디올 또한 그렇다. 갈리아노는 현재 메종 마르지엘라(Maison Margiela)에서 디자인을 펼치고 있는데, 그의 디자인을 보면 여성의 섹슈얼리티에 대해 깊이 생각하게 된다.

이는 다른 챕터에서 자세히 살펴보기로 하고, 현재로 돌아와보자. 70년 만에 처음으로 여성 디자이너가 디올을 맡았다. 그리고 세월이 흐르며 페미니즘에 대한 논의도 한층 발전해왔다. 현재 디올의 디자이너, 마리아 그라치아 키우리(Maria Grazia Chiuri)는 디올을, 그리고 여성성을 어떻게 해석했을까?

키우리는 디올의 크리에이티브 디렉터로 처음 선보이는 2017 SS 레디투웨어 런웨이에서 명료한 메시지 하나를 띄웠다. "We should all be feminist(우리는 모두 페미니스트가 되어야 한다)." 디올과 함께하는 첫 시작부터 자신의 방향성을 명시했다.[85] 키우리는 이제부터 여성에 대한 이야기를 하는 디올이 될 것이라고 선언한 것이다.

키우리의 컬렉션에서는 뉴룩같이 여성의 곡선과 부드러움, 섬세함 등을 강조하면서도 성적 대상화처럼 느껴지는 시선은 힘이 빠진 느낌을 받는다. 디올과 갈리아노의 문제라면 (사회적으로 규정된) 여성의 몸매를 지나치게 강조했다는 점이다. 하지만, 키우리는 디올이라는 브랜드가 전달하는 이미지를 퇴색시키지 않으면서, 남성의 시각을 배제하는 방향성을 선택한다. 가장 대표적으로 느껴지는 부분은 모래시계 라인의 곡선이 완만하게 드러난다는 점이다.

키우리가 처음 데뷔한 무대는 펜싱복에서 영감을 받았다. 2017 Spring 레디투웨어 시즌, 가장 처음 등장한 착장부터 스포티한 성격을 제대로 보여준다. 키우리는 스포츠웨어, 스트리트웨어 등 다양한 스타일과 접목시키며 실용성을 지향했다. 또한 바지의 폭을 넓히고, 활동에 제약이 없는 스타일을 제시하며 입는 사람의 편안함을 고려했다.

디올의 '여성스러운' 분위기를 남성복 디테일과 함께 제시하면서 디올이 지금까지 주창해온 '여성스러운' 여성성과의 타협점을 찾아냈다. 넥타이와 수트 자켓을 함께 제시하거나, 승마복 디테일을 뉴룩 실루엣과 연결하는 등 디자인의 폭을 넓혔다. 또한, 어두운색과 넉넉한 폭의 수트 팬츠를 통해 우아하고 가녀린 모습을 풍기는 분위기를 없애고, 무겁고 진중한 분위기를 묘사하기도 했다.

키우리는 디올을 맡게 되었을 때, "디올은 여성스러운 브랜드잖아."라는 말을 많이 들었다고 한다. 그 말을 들은 키우리는 무슨 생각을 했을까? 키우리는 나름대로 많은 고민을 했던 듯하다. 키우리는 젠더학을 공부한 딸에게 자문을 얻고, 여성주의 이론을 접목시키기 위해 고심했다. 많은 여성 예술가와 협업했고, 여성이 여성을 보는 시선을 담아내기 위해 많은 여성 사진작가들과 프로젝트를 진행하기도 했다. 키우리와 딸 레이첼의 이야기가 흥미로웠는데, 레이첼은 원래 패션 산업에 동의하지 않았다. 자본주의적 성격과 여성의 외모나 신체를 규제하려는 경향을 끔찍하게 생각했다. 키우리는 그간 딸과 많은 대화를 나눴고, 지금 이렇게 이야기한다. 무언가를 바꾸고 싶다면, 항상 그것에 반대할 수만은 없다고. 그 안으로 들어가서, 조금씩 바꾸는 방향으로 기여해야 한다고.[86] 물론 키우리 역시 페미니스트로서의 선언을 담은 티셔츠를 고가에 판매하면서 페미니즘의 상품화에 가담하고 있다는 비판이 있다.

디올의 한계는 분명하다. 뉴룩의 모래시계 라인이 철저한 디올의 상징으로 전해지고 있어서, 브랜드의 전통을 계승해야 하는 럭셔리 브랜드의 특성상 디자이너들은 뉴룩의 구조적인 형태에 집중할 수밖에 없다. 뉴룩은 기본적으로 여성성을 부드러운 섬세함으로 규정하는 기존의 사회적 정의에 찬성하는 형태다. 더 다양한 여성성을 보여주고 가능성을 열어주기엔 뉴룩의 그림자가 짙다. 하지만 어쩌면 디올 자체의 한계라기보다 우리 모두의 한계일 수 있다. '페미닌' 브랜드라고 불리는 만큼 기존의 '페미닌'한 성격에 갇힐 수밖에 없지 않았을까.

하지만 오히려 이 한계를 안고 디올이 이야기할 수 있는 방향성도 분명하다. 중요한 건 고정된 여성성을 탈피하고 그 개념을 확장하는 것이지 지금까지 여성성이라고 규정되어온 성격을 전부 부정해야 하는 것은 아니다. 지금까지 '남성성'으로 규정된 성격만을 긍정적으로 여길 필요도 없고, '여성성'으로 규정된 성격을 폄하할 필요도 없다. 젠더의 고정된 정의에는 저항해야 하지만, 기존에 정의된 '여성성'까지 송두리째 바꿔야만 할까. 프레임을 거부할 것인가, 확장할 것인가. 키우리는 후자를 선택했다. 키우리는 기존의 '여성성'을 아우르면서 여성의 입장에서 여성을 이해하는 방식으로 여성성을 고민했다.

이처럼 디올은 여성성의 정의에 대해 끊임없이 고민해온 브랜드다. 디올의 디자이너들은 각자의 대답을 내어놨다. 이런 디올의 흐름을 보며, 당신은 여성성을 어떻게 정의하고 싶은가?

여성의 섹슈얼리티는 어떻게 표현되는가

갈리아노의 디자인으로 다시 돌아가 보자. 존 갈리아노는 여성의 섹슈얼리티를 도발적으로 드러내는 디자이너다. 갈리아노가 풀어내는 여성의 섹슈얼리티를 살펴보며, 여성의 섹슈얼리티가 어떻게 요구되고 형성되는지 생각해볼 수 있다.

갈리아노가 크리에이티브 디렉터를 맡았던 **메종 마르지엘라의 2024년 Spring 쿠튀르 컬렉션**을 보면 다소 외설적인데, 여성의 몸이 섹슈얼하고 에로틱하게 연출됐기 때문이다. 모델은 투명한 쉬폰 소재의 드레스를 입어 몸이 그대로 드러났으며, 코르셋으로 허리를 잔뜩 조여 굴곡진 실루엣이 더욱 강조되었다. 갈리아노는 왜 이런 디자인을 선보였을까? 이는 여성의 성적 대상화일까, 아니면 섹슈얼리티에 대한 찬양일까?

이 런웨이에는 여러 유형의 모델이 올랐다. 먼저 코르셋으로 허리를 졸라맨 남성 모델이 선두에 섰다. 갈비뼈 아래를 심하게 조여 **남성의 신체에도 모래시계 모양의 실루**

엣이 선명하게 나타난 모습이 눈에 띄었다. 다음에는 투명한 드레스 너머로 가슴과 하체를 드러낸 여성들이 당당하게 등장했다. 일부는 스스로를 끌어안듯 팔로 가슴을 가리고 걸었는데, 선두에 코르셋으로 잘록한 허리가 나타났던 남성 모델로 인해 그들의 성별을 판단할 수 없었다. 또 일부는 모자를 쓰고 코트로 온몸을 동여매고 불안정한 걸음으로 나타났다. 이들도 성별을 판별할 수 없었다.

런웨이의 마지막은 배우 그웬돌린 크리스티(Gwendoline Christie)가 장식했는데, 그는 키가 191cm로 할리우드 여성 배우 중 최장신으로 알려져 있다. 그의 몸이 나타내는 거대함은 전통적 여성성과 충돌한다. 거대한 몸은 여성과는 거리가 먼 특징으로 여겨지기 때문이다. 그러나 이 런웨이에서 크리스티는 반투명한 PVC 재질의 상의를 입어 맨가슴이 비쳤고, 코르셋으로 허리를 조인 모습으로 등장했다. 크리스티의 몸에서 거대함보다 섹슈얼리티가 더 강조되는 순간이었다.

그러니까 이 런웨이는 여성의 섹슈얼리티만이 개방되는 공간이었다. 남성적 신체는 숨겼고 여성적 신체는 거리낌 없이 드러냈으며, 심지어 남성의 몸에서도 여성적 체형을 구현했다.(그 점에서 여성의 섹슈얼리티가 선천적으로 여성에게 내재된 것이 아니라 의도적으로 만들어질 수 있다는 허구성의 폭로로도 볼 수 있다.) 또는, 어쩌면 갈리아노는 여성의 섹슈얼리티를 순수히 찬양하는 디자이너일 수 있다. 그는 이상화된 날씬한 신체에서 벗어나 여성의 섹슈얼리티를 강조하는 데 집중했다. 현대의 런웨이에서 여성의 이상적인 몸은 마르고 가녀린 몸이란 점을 고려했을 때, 갈리아노가 여성의 몸과 섹슈얼리티를 가감 없이 개방한 것은 마른 몸에 국한된 여성의 이상적 신체를 확대했다고 볼 수 있을까?

런웨이를 보는 동안 킴 카다시안(Kim Kardashian)이 떠올랐다. 그의 잘록한 허리, 비현실적으로 큰 가슴과 엉덩이는 이번 마르지엘라 런웨이에서 나타나는 여성의 몸과 일치한다. 흔히 '모래시계 실루엣'이라고 불리는 형태인데, 그게 매우 과장된 모습이다. 이러한 몸은 디올의 뉴룩을 비롯해 오랫동안 이상화되어 왔으며, 최근에는 카다시안뿐만 아니라 카일리 제너, 비욘세 등을 중심으로 소셜 미디어에서 대중화되었다. 해시태그로 #curvy, #thick, #slimthick 등의 단어가 함께 적히며 이러한 신체 이미지가 확산되고 있다.[87]

이 몸은 여성의 섹슈얼리티를 강조하는 몸이다. 가슴이나 엉덩이는 부풀리고, 허리는 좁게 만들어 기형적으로 몸의 형태를 조성했다. 즉, 인공적으로 만들어진 몸이다. 이제는 코르셋을 입지 않았음에도 코르셋을 흡수한 상태로, 신체 자체가 부자연스럽게 나타난다. 물론 큰 엉덩이나 허벅지처럼 일부 몸의 지방에 대해 긍정한다는 점에서 '자기 몸 긍정주의'로 연결할 수도 있지만, 한계가 있다. 위 해시태그에서 여성의 몸을 곡선(curvy)으로 표현하는 것은 결국 좁은 허리의 강조로 이어진다. 이는 날씬함에 갇힌 여성의 몸을 해방하는 것이 아니며, 섹슈얼리티를 강조하는 또 다른 제한을 추가하는 것이다. 해시태그

중 'slimthick'이라는 표현이 이러한 문제점을 잘 보여준다. 두껍되 날씬해야 한다는 이 역설적인 말은 여성이 풍만함과 마름 사이에서 양가적인 압박을 받고 있음을 뜻한다.[88]

문제는 이상이 억압으로 작용한다는 것이다. 여성의 몸을 규정하는 이상은 신체에 대한 제한과 통제로 이어진다. 날씬함에 대한 강박뿐 아니라 여성으로서의 섹슈얼리티를 충분히 갖춰야 한다는 인식 또한 여성의 신체에 대한 사회적 압박이 된다. 성형 수술을 생각해보면 지방 흡입뿐만이 아니라 가슴 성형, 골반 필러나 힙업 성형 등 현대 여성이 사회적으로 규정된 섹슈얼리티를 갖추기 위해 다양한 노력을 하고 있음을 알 수 있다. 마르지엘라 런웨이에 나타난 여성의 몸은 섹슈얼리티의 이상에서 벗어나지 못한 몸이다. 날씬함과 풍만함이 중첩된 몸은 협소하고 비현실적인 기준 위에 서 있어 불안정하게 흔들린다. 마치 이 런웨이에서 모델들이 걷는 모습처럼.

갈리아노는 왜 고전적인 방법으로 코르셋을 되살렸는가? 코르셋은 여성의 신체에 대한 사회적 압박을 단적으로 보여주는 상징적 물건이 아닌가. 그가 코르셋에 대한 사회적 인식을 모를 리 없다. 그럼에도 불구하고 그가 코르셋을 이용했던 것은 코르셋으로 나타낼 수 있는 여성의 섹슈얼리티가 그에게 중요했을 수도 있고, 더 긍정적으로 유추해보자면 '기괴하게 만들어진 몸', '인형과 같은 메이크업과 부자연스러운 동작' 등을 통해 모래시계 실루엣이 가진 비현실성을 폭로했다고도 해석할 수 있다. 갈리아노는 여성의 몸에 대한 과장된 이상과 그 이상이 가진 불안정성을 보여주었다.

그럼에도 우리는 성 상품화에 익숙해진 사회적 시각을 떨쳐 버릴 수 없다. 갈리아노의 컬렉션 속 여성은 성적인 부분이 도드라진 채 관객의 시각 속에서 대상화된다. 코르셋과 굴곡진 허리는 남성 모델의 몸에서 맨 처음 등장했음에도 연이은 여성 모델의 노출에 잊혀진다. 이들의 몸은 섹슈얼리티가 드러났기에 시선을 끌고, 섹슈얼한 대상으로 한정된다. 이 런웨이에서 갈리아노가 만들어낸 섹슈얼리티는 이상적이기 때문에 비현실적이다. 이렇게 현실에서 분리되는 이상은 현실의 주체와 거리가 먼 존재이기 때문에 타자화되기 쉽다. 신화가 된 육체는 결국 대상화된다.

갈리아노는 사진작가 브라사이(Brassaï)의 작품에서 영감을 받았다고 하며, 특히 브라사이의 작품에서 나타나는 1930년대 파리의 성 노동자와 도박꾼을 지목한다.[89] 당시 파리의 퀴어, 특히 레즈비언의 밤 문화를 나타낸 브라사이의 작품을 고려하면 갈리아노는 어쩌면 퀴어에 대한 옹호, 어둠과 그늘을 다르게 해석한 것일 수도 있다. 그러나 갈리아노가 레즈비언 성 노동자로부터 영감을 받아 여성 모델을 연출했다고 해도, 그래서 여성 모델의 몸을 런웨이에서 노출한 거라고 하더라도, 이것이 여성의 섹슈얼리티를 긍정했다고 말할 수 있는가? 그는 겹겹이 이상화된 여성의 몸을 그대로 재현하는 것에서 벗어나지 못한다. 그가 강조하고 싶었던 여성의 섹슈얼리티는 무엇이었을까.

갈리아노가 여성의 섹슈얼리티를 개방하고 찬양하려는 것

인지, 또는 여성의 성을 이상화하고 상품화하는 것인지 정확히 알 수 없다. 이 해석은 주관적이지만, 그의 런웨이가 짚어내는 의문점은 선명하게 남는다. 여성의 몸은 이상으로부터 벗어날 수 있는가? 여성의 섹슈얼리티는 대상화로부터 벗어날 수 있는가?

여성에게 핑크란

다음으로, 여성성에 대한 고정관념 몇 가지를 들추어보고자 한다. 먼저, 색깔에 대해 이야기할 수 있다. 현대 사회에서 여성과 가장 관련성이 높다고 여겨지는 색은 '핑크'다. 2023년 영화 〈바비〉가 개봉했는데, 온갖 장면이 핑크색이어서 당황했던 기억이 있다. 그레타 거윅 감독을 생각하면 이 핑크에 분명 의미가 있을 것 같은데, 핑크색투성이를 얼마나 의미 있게 여겨야 할지 판단할 수 없었다. 그런데 이 영화 덕분인지 '바비코어(Barbie-core)'라는 패션 스타일이 유행하기 시작하고, 런웨이에서도 핑크색이 대거 등장했다.[90] 팬톤에서도 2023년의 트렌드 컬러로 '비바 마젠타(viva magenta)'라는 강렬하고 짙은 핑크색을 선정했다. "관습을 벗어난 시대에 적합하다"고 설명을 덧붙였다는데, 왜 핑크가 이 시대와 어울리는 색으로 여겨진 걸까? 핑크가 관습을 벗어난 도전적인 색깔이었나?

우리가 보통 인식하는 핑크란 여성에게 고정된 색이다. 핑크색 옷을 입고 바비인형을 갖고 노는 여아가 연상된다. 언제부터 핑크가 여성성을 상징하게 된 걸까? 20세기 초까지만 해도 핑크는 여성성과 강하게 연결되지 않았다. 아동복의 변천을 연구한 조 B. 파올레티는 핑크와 파랑의 성별 구분이 20세기를 지나며 정반대로 바뀌었음을 주장한다.[91] 1905년 이유식 광고에서는 옷차림으로 남아와 여아를 구분할 수 없었고, 당시엔 남아에게 핑크색 옷을, 여아에게 파란색 옷을 입히는 경우도 많았다고 한다. 1918년의 한 기사에서는 "핑크는 단호하고 강렬하므로 남자아이에게, 파랑은 섬세함을 의미하므로 여자아이에게 어울린다"는 문구도 있었다.[92]

핑크색이 여성을 상징하는 경향은 제2차 세계대전 이후부터 조금씩 확산되기 시작해 1950년대에 널리 퍼졌다. 특히 미국 대통령 드와이트 D. 아이젠하워의 영부인 매미 아이젠하워가 어느 정도 영향을 미쳤을 것으로 추정된다. 그는 의복과 액세서리 모두 핑크색을 선호했고, 백악관도 핑크색으로 꾸몄다. 이러한 유명인의 취향은 곧 대중에게 확산되었다.

이후 1960년대에는 유니섹스 패션이 유행하기 시작했다. 페미니즘 운동이 제2의 물결로 접어들면서 여성해방이 수면 위로 떠올랐고, 이에 맞춰 젠더 중립적인 패션이 주목받은 것이다. 아동복도 마찬가지였다. 당시 미국 시어스 백화점의 카탈로그에서는 핑크색 옷을 입은 아동이 2년 동안 단 한 번도 등장하지 않았다.[93] 이러한 경향은 1985년경까지 유지되었다.

다시 핑크가 여성을 상징하는 색으로 굳어진 것은 1980년대였다. 1960년대에 젠더 중립적인 옷을 입고 자란 세대가 부모가 되었다. 이들은 옷으로 아이의 성별을 구분하는 것에 적극적이었다. 어렸을 때 입었던 유니섹스룩을 자녀에게 입히려고 하지 않았고, 여자아이가 자라서 의사가 된다고 해도 '여성스러운' 의사가 되는 것에 아무 문제가 없다고 생각했다. 이 즈음, 태아 성별 검사가 도입된 이후에는 아동복의 성별 구분이 빠르게 확산됐다.[94] 아이가 태어나기 전에 미리 성별을 파악해서 유아용품을 쇼핑하는 부모들이 많아졌기 때문이다. 기업들은 이에 발맞춰 성별을 구분한 제품들을 적극적으로 내놓았다. 의복에서부터 장난감, 침구 세트까지 핑크와 파랑으로 나뉘어진 다양한 유아용품이 쏟아져나왔다. 이러한 과정에서 여아는 핑크, 남아는 파랑이라는 고정관념이 선명하게 형성되었다. 즉, 핑크와 여성성은 오랫동안 강하게 부착된 개념이 아니었고, 오히려 그 상징성이 확산되고 굳어진 것은 상업적 전략의 영향이 컸다.

2001년 영화 〈금발이 너무해(Legally Blonde)〉는 금발 머리의 여성은 멍청하다는 고정관념에 도전한다. 이때 주인공은 진한 메이크업, 네일 아트, 반짝이, 리본 장식과 함께 온몸에 핑크를 두르고 등장한다. 소녀의 전유물을 누구보다 잘 수용한 인물이라는 의미다. 이 영화는 핑크를 좋아하고 귀엽고 화려하게 꾸미는 여성이 어떻게 배척되는지를 보여준다. 지나치게 어리고 유치하며 무지한 존재로 여겨지고, 희롱의 대상이 되기도 했다. '소녀스러운(girly)' 여성은 어디에도 설 자리가 없었다.

2011년부터 방영한 드라마 〈뉴 걸(New Girl)〉에도 이런 대사가 등장한다. "나는 (…) 도트 무늬 옷을 즐겨 입고, 반짝이를 하루 종일 만지고, (…) 그 정장 바지에 리본을 달고 조금 더 귀엽게 꾸며주고 싶어요. 그러나 이 사실은 제가 똑똑하지 않고, 터프하지 않고, 강인하지 않다는 뜻이 아닙니다." 즉, 단적으로 말하자면 '여성스러운' 여성은 보통 멍청하고, 소심하고, 나약한 존재로 여겨진다는 것이다.

위 작품들은 핑크를 즐기는 여성, '소녀스러움'을 수용하는 여성은 지성과 힘을 지니지 않았을 거라는 편견을 비판한다. 또 이 편견이 매우 강력하게 퍼져 있어 극복하기 어렵다는 점도 짚어낸다. 이처럼 2000년대에는 핑크를 다른 관점으로 풀어내며 여성성에 대한 편견을 지적하고 부수려는 시도가 있었다. 핑크는 여성성에 대한 고정관념을 꼬집는 강력한 수단이었던 것이다. 그렇다면 최근 새롭게 유행하는 핑크에는 어떤 의미가 있을까.

2020년대에 핑크는 더욱 과장된다. 'hyperfemininity', 즉 과한 여성성, 초여성성 등으로 해석할 수 있는 이 용어는 일부 틱톡커들이 이끄는 운동이다. 이들은 핑크색 옷을 입고 공주 드레스를 입으며 메이크업과 리본 장식, 하트 무늬, 레이스, 네일아트와 반짝이는 액세서리에 열광한다. 유치한 여성성을 온몸에 과하게 두르고 있는 모습이다. 핑크로 대표되는 '소녀스러움'의 과잉에는 여성성에 얽힌 편견을 지적할 뿐만 아니라, 극복하려는 의도가 담겼다.[95] 여성성에 대한 고정관념을 일부러 지나치게 강조하면서 반대의 뜻, 가부장제에 대한 저항을 암시하는 것이다. 이들의 활동에는 여러 의미가 있다.

첫째, 이성애적 관점에서 벗어난 자기 긍정을 추구한다. 이 여성들은 남성중심적 시선으로부터 벗어나 당당히 핑크를 추구한다. 이성애적 관점에서 남성에게 '여성스러움'을 어필하려는 것도 아니며, 오로지 개인의 취향과 만족을 위한 것이다. '지나치게 여성스러운' 여성이 되는 것에 주눅 들거나 부끄러워하지 않아도 된다고 외치고, 자아존중감을 추구한다. 이들이 핑크를 입는 것은 성별의 상징성으로 인한 주입된 선택이 아닌, 스스로의 솔직한 모습을 드러내는 주체적 선택이다.

둘째, 특정한 취향과 정체성을 지닌 여성들의 커뮤니티를 형성한다. 핑크를 즐기는 여성들은 슈트를 입고 카리스마 있는 커리어우먼처럼 개인의 성장을 중점에 두는 것이 아니라, 서로의 경험과 지식을 공유하며 공생하는 관계다. 이들은 서로의 취향을 지지하고 옹호한다. 스스로를 당당하게 드러내는 것을 응원하며, 여성성과 페미니즘에 대한 새로운 담론을 이끌어낸다. 여성성에 대한 편견과 고정관념을 답습한다는 비난에서 벗어나 여성의 협력과 연대를 도모하는 것이다.

셋째, 다양한 여성이 추구하는 여성성을 보여준다. 틱톡에서 핑크를 즐기는 여성은 금발에 날씬한 백인 여성으로 한정되지 않는다. 흑인 여성, 퀴어 여성, 뚱뚱한 여성, 또는 여성이 아닌 성이 핑크색 옷과 네일아트와 반짝거리는 액세서리를 사랑하고 즐기는 모습을 볼 수 있다.[96] 핑크의 새로운 유행은 협소한 미적 기준과 인종, 젠더 구분에서 벗어나 다양성으로 나아가는 또 다른 통로다. 핑크는 다양한 여성성을 포용하고 경계를 확장하는 담론의 중심에 있다.

핑크를 즐기는 여성 누구에게도 잘못은 없다. 물론 이러한 여성의 모습이 여성성에 대한 고정관념을 강화할 수도 있겠지만, 누군가는 선망하고 애정하는 어떤 여성성을 무조건 배척해야 하는가? 탈코르셋을 추구하더라도 모든 여성이 기존의 전통적 여성성을 잃어버려야 한다고 주장할 수는 없을 것이다. 중요한 것은 지금까지의 여성성을 부정하는 것이 아니라 확장하는 것이다.

핑크의 과잉으로 표현되는 여성성의 확장과 옹호는 중요한 메시지다. 핑크는 여성성에 대한 중요한 지점을 짚고, 다양한 담론을 이끌어내는 효과적인 수단이다. 핑크도, 탈코르셋도, 여성의 여러 선택지 중 하나이며, 중요한 것은 주체적인 선택이다. 여성은 어디까지 확장될 수 있을까?

여성의 취약성은 취약하기만 한가

이처럼 패션은 여성이 여성성을 해석하고 표현하는 도구로 기능해왔다. 여성은 패션을 통해 강인해지기도 했고, 지극히 전통적인 영역에 머무르기도 했다. 이처럼 전략적으로 패션을 이용해왔다는 점에서 주체성이 돋보인다. 더 구체적으로 살펴보자면 이 논의의 중심에는 두 명의 팝

스타, 마돈나와 라나 델 레이가 있다.

팝의 여왕 마돈나는 20세기 말, 성과 젠더에 대한 담론을 촉발한 중요한 인물이다. 마돈나가 여성성을 드러내는 방식은 당시로선 굉장히 독보적이었다. 마돈나는 'girl power', 즉 강인한 여성을 나타냈고, '얌전한 여성'과 같은 고정관념에 정면으로 도전했다. 그는 도발적이었고, 급진적이기까지 했다.

마돈나가 입은 의상 중 가장 유명한 것은 장 폴 고티에(Jean Paul Gotier)가 만든 의상으로, 연분홍색 새틴으로 만든 코르셋이다. 코르셋은 본질적으로 속옷인데, 이를 가리지 않고 겉으로 드러냈다는 점에서 파격적이었다. 심지어 뾰족하고 날카로운 가슴 모양으로 공격적인 이미지를 나타냈다. 코르셋이라는 전통적 여성성의 상징적인 요소와 공격적인 이미지의 병치는 당시 포스트페미니즘의 주장을 잘 보여준다.

포스트페미니즘은 마돈나 이전, 1970년대 미국 사회에서 나타난 제2물결 페미니즘을 비판하며 등장했다.[97] 제2물결 페미니즘의 중심적인 논의는 전통적인 여성성을 거부하는 것이었다. 여성 해방을 위해 여성성을 상징하는 기호(치마, 하이힐 등)를 억압으로 해석했고, 이를 거부함으로써 해방을 이룰 수 있으리라 보았다. 그러나 포스트페미니즘은 (여러 의견과 양면적 측면이 존재하지만) 여성적인 동시에 강인할 수 있음을 주장했다. 남성과 동등해지기 위해 여성성을 포기하지 않아도 된다고 말했다.

마돈나의 코르셋 의상은 여성성을 수용하는 동시에 당당하고 독립적인 여성상을 지향한다. 이를 통해 마돈나가 나타내는 여성은 스스로 주체적으로 선택하고 결정하며 자신의 섹슈얼리티를 부끄러워하지 않는 여성이다. 이것이 1980년대 이후 마돈나가 대표하는 당시 여성성에 대한 해석이다. 이렇게 마돈나는 강인한 여성에 주목하는 당시의 시대적 담론 한가운데에 서 있었다.

이제 마돈나가 데뷔한 지 40년이 지났는데, 지금 이 시대에 젠더 담론을 생산하는 여성 아티스트는 누가 있을까? 그동안 섹슈얼리티를 논하는 셀러브리티는 많았다. 레이디 가가 또한 파격적인 의상과 퍼포먼스로 마돈나의 뒤를 이으며 성과 젠더, 섹슈얼리티를 자유자재로 다뤘다. 그러나 2010년대 중반에 이르자 이런 강인한 여성 가수들 틈에서 연약한 여성 가수들이 나왔다. 라나 델 레이(Lana Del Rey)를 시작으로, 최근에는 빌리 아일리시(Billie Eilish), 올리비아 로드리고(Olivia Rodrigo), 리지 맥알파인(Lizzy McAlpine)이 뒤를 잇고 있다. 이들의 장르는 'Sad Girl Pop'이라고 불리며, 슬픔과 고통, 외로움을 노래한다.[98]

'Sad Girl Pop'의 대표적인 가수, 라나 델 레이가 노래하는 여성은 상처받고 슬픈 여성이다. 항상 기다리는 사랑을 하고, 헌신적이며, 사랑을 갈구하다 망가지는 모습을 보여주기도 한다. 심지어 사랑하는 대상은 '나쁜 남자'다. 해로운 남성에 스스로 주체성을 잃은 여성의 모습이 그려지는 까닭에 라나 델 레이는 반페미니즘적이라는 비판도 여러 번 받아왔다.

독특한 건 최근 라나 델 레이의 노래가 그의 의상 스타일과 함께 어떤 특정한 여성성을 상징하는 지표로서 받아들여지고 있다는 점이다. 앞의 글 '여성에게 핑크란'에서 보았듯 최근 몇 년간 틱톡에서는 핑크색으로 잔뜩 꾸민 여성들의 영상이 유행했는데, 이들을 묶는 또 다른 키워드가 'Lana Del Rey aesthetic(라나 델 레이 미학)'이다. 리본, 꽃무늬, 레이스 등으로 나타나는 '여성적인' 기호는 라나 델 레이 미학의 대표적인 특징이며, 사람들은 이를 자신이 추구하는 여성성을 표현하기 위해 사용한다. 이들이 구현하는 여성성은 가장 전통적이고 규범적인 맥락에서의 '여성스러움'이다. 마돈나가 강인한 여성을 나타내며 앞서나간 자리에 라나 델 레이는 보수적인 방식으로 여성성을 나타내고 있다. 이를 어떻게 해석해야 할까?

패션 산업에서 여성복과 남성복은 서로의 특징이 뒤섞인 지 오래지만, 여성복은 남성복의 특징을 곧잘 수용한 반면 남성복은 변화가 미미하다. 여성복은 재킷, 바지 등 끊임없이 남성복을 차용해왔으나, 일상적인 남성복에서는 리본, 레이스, 프릴, 치마 등을 찾기 힘들다. 그 이면엔 여성복의 착용이 남성의 권위에 대한 포기, 사회적인 비웃음으로 연결된다는 문제가 있다. 여성성을 낮춰보는 사회적 시선은 여전하고, 이는 여성의 취약성을 나타낸다. 그렇다면 반대로, 여성복에 남성복의 특징이 많이 반영된 것은 여성이 남성과 대등해지기 위해 남성성을 수용해야만 했던 것일까? 여성성을 버리고 남성과 같아지는 것만이 권력적 구조에 저항하는 방법인가?

철학자 주디스 버틀러(2016)는 「취약성과 저항을 재사유하기」라는 글에서 이런 질문을 던진다. 저항하기 위해서는 취약성을 극복해야 하는가? 저항과 취약성은 반대인가? 버틀러는 이 질문에 단호히 부정하며, 취약성은 그 자체로 권력의 작용을 의도적으로 노출하는 행위라 말했다.[99] 여러 사회운동에서 알 수 있듯이 약자의 취약성은 저항을 동원하는 힘이며, 저항은 취약성이 드러나는 동시에 작동된다는 것이다.

이런 맥락에서 라나 델 레이가 드러내는 취약성은 그 자체로 저항적이다. 그의 속삭이는 듯한 음색과 사랑을 갈구하는 이야기, '얌전하고', '소녀스러운' 옷차림은 여성으로서의 취약성을 온전히 드러낸다. 그는 감정과 고통을 발화하는 데 거침이 없다. 수동적인 여성성을 숨기지 않고, 부정적이라 낙인찍힌 것들을 부정하지 않는다. 마돈나가 강인해지려고 노력했다면, 라나 델 레이는 아무것도 바꾸려고 하지 않는다. 때로는 침묵이 거대한 절규가 될 수 있다.

물론 라나 델 레이의 방식은 그동안 비판받아 온 것처럼, 가부장제가 여성을 바라보는 시선을 그대로 답습하고, 성과 젠더에 대한 이분법적 사고에서 벗어나지 못한다는 분명한 한계가 있다. 그럼에도 그가 시사하는 것은 여성성을 거부하는 방식으로는 오랫동안 여성성이 폄하되어왔다는 사실을 극복하지 못한다는 점이다. 라나 델 레이가 슬프고, 나약하고, 망가지는 여성을 숨김없이 드러내는 것은 부정할 수 없이 강렬한 저항이다.[100]

마돈나가 이끌었던 강인한 여성상은 사라지지 않았다. 지금 이 시대의 여성은 여전히 당당하고 주체적인 모습을 추구한다. 다만, 라나 델 레이는 여성성에 대해 사유하는 다른 방식을 제안한다. 아마 시대정신은 바뀌는 게 아니라 쌓이는 것일지도 모른다. 이렇게 여러 시각이 공존하고 다양한 해석이 가능해짐에 따라 우리가 포용할 수 있는 사람들이 많아질 거라 기대한다.

유색인 여성의 전통 복식은 퇴보를 뜻하는가

마지막으로, 세상의 다른 지역에 눈을 돌려보자. 탈레반이 아프가니스탄을 점령하고 진행한 일 중 하나는 아프가니스탄 여성에게 '부르카'를 강제하는 것이었다.[101] 부르카는 얼굴까지 망사로 덮어 온몸을 빈틈없이 덮는 베일이다. 탈레반은 부르카 착용을 폭력으로 강제했고, 결국 아프가니스탄 여성들은 똑같은 형태의 부르카를 모두 뒤집어썼다. 우리는 이 모습으로 부르카를 비롯한 히잡*이 이슬람 문화권에서 행하는 여성 차별의 상징이라는 점을 확실히 인식하게 되었다.

히잡은 이슬람교의 여성 차별을 가장 시각적으로 잘 보여주는 소재다. 역사적 배경을 훑어보아도 확실하다. 7세기 이전의 아랍 사회는 부족 간 전쟁이 빈번했는데, 이로 인해 여성의 성

* 무슬림 여성이 쓰는 베일 중에서 머리와 어깨, 가슴을 덮는 종류를 의미한다. 하지만 종종 온몸을 덮는 부르카, 니캅 등 다양한 형태의 베일을 통칭하는 용어로도 사용되므로, 본 글에서는 제유법으로 쓰인 '히잡'과 세부적 개념의 '히잡'이 혼용된다는 점을 미리 언급한다.

적 피해가 극심했다.[102] 이에 따라 여성을 보호하기 위해 여성의 신체를 가려야 한다며 히잡이나 부르카, 차도르 등의 베일을 착용할 것을 강제했다. 즉, 히잡은 여성의 신체를 성적 대상으로 여기고, 문제의 원인을 여성에게서 찾는 남성중심적 사고의 산물이라고 볼 수 있다. 또한 니캅과 부르카는 온몸을 천으로 덮어버림으로써 '여성'이라는 특징 하나만 남기고 개성이 뭉개진 상태로 만든다.

프랑스를 시작으로 오스트리아, 독일, 덴마크, 스위스 등 유럽의 여러 국가는 공공장소에서 얼굴을 가리는 복장을 금지했다. 오토바이 헬멧이나 의사의 마스크, 예술활동이나 축제 상황은 제외하였으니, 대체로 무슬림 여성의 베일이 금지대상에 해당된다. 그래서 이 법은 '부르카금지법'이라고도 불린다. 이 법은 ① 베일이 무슬림 여성의 인권을 침해하기 때문이고, ② 얼굴 식별을 통해 테러를 예방하기 위함이며, ③ 프랑스의 경우에는 평등과 자유를 위해 공공의 장소에서 종교적인 상징을 드러낼 수 없다는 라이시테 원칙 때문이기도 하다.[103] 이를 통해 무슬림 여성의 복장에 대한 강제적인 폭력을 멈추고, 얼굴을 드러냄으로써 사회적 상호작용을 증진할 수 있다는 것이다. 여기에는 문제가 몇 가지 있다. 무슬림 여성의 인권 침해를 서구 국가가 나서서 구제할 수 있는가? 얼굴을 가린 무슬림은 테러의 위협을 나타내는 존재인가? 종교의 자유를 위한 원칙이 특정 종교를 존중하지 않는 형태로 적용된다면 이는 괜찮은가?

이 글에서는 히잡이 가진 맥락에 집중해보자. 히잡이 단순히 무슬림 여성의 억압된 현실만을 담은 것일까? 많은 매체에서 무슬림 여성을 정의하는 방식은 '수동적인 피해자'이다. 히잡은 불평등의 상징물이고, 히잡을 착용한 여성은 남성중심적 종교와 권력에 부당하게 세뇌된 불쌍한 존재다. 정말 무슬림 여성은 구제되어야 하는 피해자인 것일까?

히잡은 굉장히 상징적인 아이템이다. 무슬림 여성이라는 정보를 한 번에 제시하기 때문이다. 히잡은 보통 여성차별적이고 지양해야 하는 대상처럼 여겨지지만, 복합적인 사회문화적 상황을 고려해야 하는 부분이 있다. 미국 드라마 〈볼드 타입〉에는 무슬림 페미니스트 '아디나'가 등장한다. 아디나는 항상 히잡을 쓰고 다닌다. (사실 실제 히잡의 생김새와는 차이가 있고, 복장 또한 무슬림과 맞지 않는 부분이 있어 논란이 있지만, 생략하고 간단히 히잡이라고 제시하겠다.) 아디나는 "페미니스트면서 히잡을 쓰고 다니는 건 모순이지 않냐"는 질문에 이렇게 답한다. "히잡은 저를 억압하지 않아요. 오히려 사회가 여성에게 기대하는 이미지로부터 자유롭게 해줍니다."[104] 이 답변은 히잡이 성차별적 관점으로만 해석되어 왔다는 점, 여성에 대한 이미지가 주로 서구 중심으로 형성되었다는 점을 보여준다. 아디나는 무슬림 여성이라는 자신의 정체성을 자랑스럽게 드러내고, 무슬림 여성의 소외성을 지적함으로써 현대 페미니즘이 서구적 관점을 중심으로 한다는 점을 지적한 것이다. 서구 중심의 페미니즘은 무슬림 여성을 소극적인 피해자로 규정하고, 이 편파적인 이미지를 지속적으로 답습한다. '히잡을 쓰지 않은 여성'만이 자유로운 여성이라고 정의하고, 히잡을 쓴 무슬림 여성은 주체적인 여성상에서 배제한다.

물론, 이슬람 국가의 정치 체제는 대체로 남성중심적 구조에 깊이 뿌리박혀 있으며, 무슬림 여성이 낮은 사회적 지위로 인해 고통받고 있다는 것은 사실이다. 히잡을 옹호하는 것이 차별적인 정치 체제에 저항하지 않고 오히려 순응하는 태도로 비칠 수 있다는 것 또한 맞다. 하지만 무슬림에게는 이슬람교가 곧 '정체성'과 연결된다. 히잡은 무슬림 여성이 자신의 종교적 정체성을 드러내는 중요한 방식이며, 문화적인 주체성을 나타내기도 한다.[105] 히잡에 담긴 무슬림의 종교적, 사회적, 문화적 정체성은 존중받아 마땅하며, 오히려 무슬림에게는 히잡을 당당히 쓰고 다니는 것이 스스로의 문화와 정체성을 자랑스럽게 여기는 주체적인 모습일 것이다.[106] 히잡을 무슬림 여성에 대한 억압으로만 여기는 것은 이슬람 국가의 전근대성을 강조할 뿐만 아니라 서구에 비해 '미개한' 문화를 가지고 있으므로 서구가 이를 구제하고 개화해야 한다는 식민주의적 인식으로 이어질 수 있다.

이슬람 경전의 내용을 재해석하여 이슬람 사회의 젠더 이슈를 조명하는 '이슬람 페미니즘'이 있다. 이슬람 페미니즘은 이슬람이라는 종교 및 정치적 배경을 고려하여 실질적인 무슬림 여성의 권리를 위해 고민한다. 이슬람 페미니즘에서 히잡을 쓰는 무슬림 여성은, 종교적 신념에 따라 행동하는 동시에 강제적인 히잡 정책에 반대할 수 있는 능동적인 주체이자 행위자이다.[107] 히잡을 단순히 철폐해야 하는 억압적 상징물로만 여길 수는 없다. 우리가 인식한 페미니즘에는 서구적 관점이 깊게 물들어 있다. 그러므로 지역의 문화와 역사, 종교적 맥락을 고려한 페미니즘을 고민하는 것이 필요하다. 지금까지 패션계에서 젠더의 경계에 도전하고 여성성을 재해석하는 시도가 이루어진 맥락은 백인 중심이었다.

지금까지 매체를 통해서 마주한 무슬림 여성의 모습과 그에 대한 인식은 편파적이었다. 그러나 이들은 자신의 정체성 속에서 능동적으로 삶을 선택하고 더 나은 상황을 위해 노력하고 있다. 히잡이 가진 여성을 차별하는 맥락이 사라지는 것은 아니겠지만, 한 가지 측면만 보고 판단할 수는 없다. 이면을 들추어보았을 때 우린 어떤 논의를 시작할 수 있는가?

패션과 퀴어

이제 여성과 남성에 대한 논의에서, 퀴어(queer)에 대한 논의로 이동해보자. 퀴어란 성소수자를 이르는 말이다. 게이, 레즈비언, 트랜스젠더, 논바이너리 등 다양한 성 정체성과 성적 지향을 아우르는 용어로, 1990년대 퀴어학이 출현하고 성소수자 단체의 적극적인 활동이 이루어지면서 널리 알려졌다. 성 정체성이란 스스로의 성을 규정하는 정체성을 의미하고, 성적 지향이란 성적 욕망 또는 애정을 느끼는 성을 가리킨다. 보통 스스로의 성별을 어떻게 정의하고 누구를 좋아하는가에 대한 기준이 전통적인 방식과 다를 때 퀴어라고 여겨진다. 여기서 성이란 생물학적 차이에 따라 남성과 여성을 구분하는 성별(sex)과 사회문화적으로 요구되는 행동에 따라 구분하는 젠더(gender)를 포함한다. 남녀의 이분법적 구분과 이성애는 현대 사회의 지배적인 이데올로기이며, 퀴어는 이로부터 자유로운 사람들이다.

사회는 긴 시간 동안 여성과 남성을 구분해왔다. 우린 여성과 남성으로 나누어진 분류체계 속에 모든 형용사와 성격과 말투와 태도와 직업과 가능성을 둘로 나눴다. 태어난 순간부터 절대적 규칙처럼 흡수해온 기준이다. 예외는 잘못되거나, 이상한 것으로 취급됐다. 이 엄격한 분류체계가 시각적으로 가장 선명히 드러나는 분야는 패션이다. 패션은 언제나 젠더와 관계가 깊었다.

퀴어는 복식을 통해 생물학적 성과 사회적 성이 일치하지 않는 모습을 연출하고, 남성과 여성으로 구성된 이성애 관습을 전복해왔다. 복식은 고정적인 성 구분을 시각적으로 나타내는 도구이므로 퀴어의 의도를 나타내기에 효과적인 도구였다. 퀴어는 남성복과 여성복을 상징하고 구분하는 복식 코드를 활용해 이분법적인 성 관념에 벗어난 모습을 보여주었다. 이는 국내 케이팝 가수들에게서도 확인할 수 있다. 여성 그룹 에프엑스의 멤버였던 '엠버'는 '보통의' 여자 아이돌처럼 꾸미지 않고 짧은 머리에 바지를 착용했고, 남성 그룹의 가수 조권은 하이힐을 즐겨 신는다. 개인의 성 정체성 또는 지향성을 떠나 스스로의 정체성이나 취향을 복식을 통해 자유롭게 표현한 사례다.

그동안 패션 산업에서는 유니섹스(unisex), 앤드로지너스(androgynous),* 젠더리스(genderless), 젠더플루이드(gender-fluid) 등 성별과 젠더에 관한 통념을 재해석하는 트렌드가 많았다. 특히 구찌의 전 크리에이티브 디렉터 알레산드로 미켈레와 함께 등장하는 수식어는 'gender fluidity(젠더 유동성)'였다. 미켈레는 구찌를 맡은 2015년부터 젠더 구분을 무너뜨리는 시도를 보여줬다. **2015년 가을 남성복 패션쇼에는 프릴과 리본, 레이스가 달린 남성복이 소개됐고**, 여성 모델도 수트를 입고 등장했다. 같은 시즌 레디투웨어 패션쇼에도 남성 모델과 여성 모델이 모두 우아한 리본 블라우스와 각진 팬츠를

* '양성의 특징을 가진', '중성 같은'의 뜻을 가지는 단어이다.

차려입었다. 2022년 가을 레디투웨어 패션쇼에서는 여성인지 남성인지 분간할 수 없는 모델이 헐렁한 수트에 스틸레토 힐을 신고 나타났다. 미켈레는 남성과 여성으로 나뉘진 수많은 규칙과 코드를 이리저리 혼합해 젠더가 구분되지 않는 패션을 내어놓았다. 미켈레는 가부장적 사회에서 규정된 남성성이 유해하다고 말한다. 남성의 강하고 권력적인 모습만 부각하며, 개인의 특별한 정체성과 가능성을 협소하게 제한하기 때문이라고. 그리고 미켈레는 말한다. 나약함을 고백하고, 부드러움을 꺼내며, 타인을 보살피는, 다정한 남성의 모습을. 지금까지 억눌려왔던 남성의 다른 가능성을. 젠더 구분의 중심이었던 남성성의 경계를 허물 때, 젠더의 정의에는 어떤 변화가 나타날까?

미켈레뿐만이 아니라 많은 디자이너, 그리고 브랜드가 젠더의 규범 바깥을 지향하는 듯하다. 이러한 경향은 최근에 생겨난 경향도 아니다. 이러한 움직임이 늘 퀴어를 가리키는 것은 아니지만, 젠더 규범의 극복을 말하는 시작과 끝엔 늘 퀴어가 있었다. 이번 글에서는 복식과 패션을 통해 표현되는 성별과 젠더를 살펴보며 그 경계에 관한 질문을 던지고자 한다.

여성복과 남성복은 구분될 수 있는가

예로부터 복식은 여성복과 남성복으로 구분되어왔다. 물론 19세기 이전에는 남성복도 레이스와 프릴 등이 달리며 여성복 못지않게 화려했지만, 17세기 영국에서는 여성이 남성복을 착용하는 것을 금지하는 등 여성복과 남성복 사이에 명백한 구분이 있었다.[108] 남성복과 여성복이 지금과 같은 형태로 구분되기 시작한 것은 18세기 말 부르주아 남성이 새로운 계급으로 자리를 잡으면서부터다. 이때 부르주아 남성은 귀족과 구별되어 신흥 계급으로서의 위엄을 드러내기 위해[109] 장식적인 복식을 멀리하고 차분하고 실용적인 스타일을 추구했다. 이로써 화려한 스타일은 여성화되었고, 복식에서의 성별 차이가 계층의 차이보다 더 두드러졌다.[110] 복식은 여성과 남성의 모습을 구분하는 선명한 코드이면서, 그 성격과 태도까지도 규정하는 방식이다. 치마나 바지처럼 옷의 종류로 나누기도 하고, 레이스나 프릴 등의 장식으로 구분되기도 하며, 여성복의 경우엔 몸에 꼭 맞는 실루엣으로 활동성까지 제한하기도 했다. 복식에는 이분법적인 젠더관이 깊이 반영되었을 뿐만 아니라, 각 성에 부여된 고정적인 역할까지도 확인할 수 있다. 젠더에 대한 사회의 주문은 분명했고, 복식은 이를 시각화하고 형상화했다.

그렇다면 복식은 왜 젠더를 명확히 구분하는 데 사용되어왔을까? 왜 여성복과 남성복은 분명하게 구분되어 있고, 사람들은 그것을 당연하게 입어왔을까? 주디스 버틀러는 '젠더 수행성(gender performativity)'이라는 개념을 제시했다. 젠더는 본질적이고 선천적인 정체성이 있다기보다 젠더를 상징하고 전달하는 행위를 반복적으로 수행함으로써 구현된다는 것이다.[111] 여성이라는 생물학적 성과 여성성은 단단하게 결속된 개념이 아니라 사회문화적으로 구성되며, 행위로 연결되는 관계다. 여성으로 태어났다는 사실만으로 여성성을 증명할 수 있는 게 아니다. 여성성은 '수행'함으로써 나타나는 것이다. 버틀러는 젠더는 가변적인 개념이며, 고정된 주체 없이 수행을 통해 구현됨을 강조했다.

복식은 사회적 관습, 계층, 소속 집단 등 개인의 정체성을 '수행'하는 대표적인 방법이다. 우리가 흔히 '여성적으로' 꾸미는 법을 생각해보면 쉽게 이해할 수 있다. 이때 복식은 옷에 치중한 개념이 아니며, 헤어 스타일의 변화, 메이크업, 더 넓게는 성형과 다이어트와 같이 미용을 목적으로 신체를 변형하는 경우까지 포함한다.[112] 이처럼 젠더를 수행하는 방법 중에는 복식을 이용한 경우가 매우 많다. 따라서 이러한 맥락에서 복식과 젠더는 오래전부터 깊이 결착되어온 관계다.

동시에 복식은 사회적 규범에 저항하는 대표적인 방법이기도 하다. 그 저항의 표현 중 하나가 바로 크로스드레싱(cross-dressing, 옷 바꿔 입기)이다. 크로스드레싱은 생물학적 성별의 반대 성별의 것으로 규정된 복장을 입는 것이다. 간단하게 말하면, 생물학적 여성이 남성복을 입고, 생물학적 남성이 여성복을 입는 것이다. 크로스드레싱은 게이와 레즈비언, 트랜스젠더 등 퀴어가 그 정체성을 표현하기 위해 활용해온 방식이다.[113] 이분법적인 성 구분과 이성애라는 젠더 규범을 거부할 수 있기 때문이다. 크로스드레싱은 규범에 불일치하는 의복 양식을 보여주며, 젠더 규범이 아주 약한 기반 위에서 형성된 것이라는 점을 폭로한다. 크로스드레싱이 지적하는 오류는 다음과 같다.

첫째, 여성과 남성이라는 이분법적 구분에 도전한다. 크로스드레싱이 주는 충격은 여성복과 남성복의 구분, 여성과 남성의 구분이 분명하기 때문에 생긴다. 사회가 젠더에 부여한 복장, 행동양식, 스타일이 고정적으로 구분되어왔기 때문에 그것을 비틀고 꼬았을 때의 아이러니가 특히 눈에 띄는 것이다. 이 충격은 우리가 성과 젠더를 여성과 남성이라는 이분법적 기준에 맞춰 구분하고 있었다는 사실을 수면 위로 끌어올린다. 그리고 기준에 벗어난 복장을 통해 젠더 구분을 아주 불명확한 개념으로 만들어버린다.

둘째, 생물학적 성과 사회적 젠더 사이의 관계는 모호하다는 것이다. 생물학적 여성과 여성성, 생물학적 남성과 남성성 사이의 관계가 당연하지 않다는 것을 보여준다. 여성이 남성성을 드러내는 복장을 입고, 남성이 여성성을 드러내는 복장을 입는 순간, 젠더 규범이 정의하는 생물학적 성과 젠더의 관계가 어긋나버린다. 주디스 버틀러의 주장을 떠올려보자. 여성성과 남성성이라는 젠더 특성은 자연스럽게 생기는 것이 아닌, 반복적인 수행에 의해서 나타난다. 크로스드레싱은 규범과 일치하는 젠더 수행을 거부해버리고, 성과 젠더 사이의 얄팍한 관계를 지적한다.

크로스드레싱은 복식이 개인의 정체성과 사회적 규범을 동시에 표현하는 수단이기 때문에 나타나는 복식만의 재미있는 특징이기도 하다. 사회적 규범에 가장 찬성하면서도, 가장 반대할 수 있는 매력적인 양면성을 확인할 수 있는 지점이다. 패션은 젠더를 명백히 구분하기도 하고, 다른 어떤 분야보다 젠더리스에 앞장설 수도 있다.

나아가 드랙(drag)이라는 행위예술이 있다. 드랙은 쉽게 말해보자면, 크로스드레싱에 퍼포먼스까지 더해진 연극적인 행위다.[114] 복장을 과장하기도 하고, 젠더 수행을 모방하고 연기하며 크로스드레싱이 전할 수 있는 충격을 더욱 확대한다. 젠더 구분이 분명한 옷을 입고, 젠더 역할을 수행하는 연극을 통해 생물학적 성과 사회적 젠더, 젠더 수행으로 이어지는 젠더 형성과정의 단단한 결속을 해체한다. 젠더 정체성이라는 통념을 패러디하는 것이다.[115]

드랙은 단순히 반대의 성별을 표현하는 것이 아니다. 꼭 드랙퀸이 여성을 연기하는 남성이고, 드랙킹이 남성을 연기하는 여성으로 구분되는 것도 아니다. 성소수자만이 드랙 아티스트가 되는 것도 아니다. 전형적인 여성의 모습으로 꾸민 남성이 있는가 하면, 북실한 다리털과 잘록한 허리가 공존하는 상태로 여성복을 입기도 한다. 젠더와 관련해서 가장 재미있는 현상이 아닌가. 사회가 젠더를 기준으로 구분한 외적인 요소들이 있는데, 그걸 이리저리 가지고 노는 것이다.

드랙은 크로스드레싱에 퍼포먼스를 더해 더욱 입체적인 방식으로 젠더의 경계를 뒤흔든다. 폭력적인 남성의 행동을 모방하거나 과장하며 풍자적인 메시지를 전달하기도 하고, 연기 중 옷을 벗어 상반된 신체를 드러내는 퍼포먼스를 통해 성과 젠더가 얼마나 얄팍한 관계인지 보여주기도 한다.[116] 드랙은 성과 젠더의 관계, 젠더 역할과 수행의 의미를 탐구하며, 성별을 이분법적으로 구분한 사회에 가장 강렬한 질문을 던진다.

선명한 사회적 규범 안에서는 개인의 정체성이 충돌하는 지점이 있다. 크로스드레싱과 드랙이 고착화된 기준을 부수고 비틀고 꼬는 모습은 복식이 규범을 준수하고 탈피하는 데 어떻게 활용되는지 보여준다. 이제 우리는 중요한 질문에 직면했다. 구분할 것인가, 포용할 것인가?

성별은 극복할 수 없는가

앞에서도 설명했듯, 성의 개념은 신체적인 성별과 사회적인 젠더로 구분된다. 그런데 이 둘을 구분하는 순간 젠더는 사회적으로 의미 부여된 것이고, 성별은 선천적이고 자연적인 것이라는 인식이 강조된다. 이 둘의 구분 역시 분명하지 않은 점들이 있다. 그렇다면 성별도 남녀를 구분하는 이분법적 통념으로부터 벗어날 수 없을까?

주디스 버틀러는 '수행성' 개념을 젠더로 국한하지 않는다. 성별 역시 정치적이고 문화적인 해석이 반영된 것으로, 절대적이고 고정적이지 않다고 주장한다.[117] 버틀러의 주장을 매우 잘 보여주는 사례가 가수 샘 스미스다. 샘 스미스는 2019년 2월, 인스타그램에 몸에 대한 사회적 기준으로부터 벗어나 스스로의 몸을 사랑하겠다고 선언하고, 그 이후부터 인스타그램에 매우 도전적인 사진을 자주 업로드했다. 그중 상당 부분이 성별과 젠더 구분의 경계를 벗어나 있다. 치마, 드레스, 스타킹, 하이힐 등을 착용한 사진은 물론, 여유증이 있는 가슴을 여성의 유방처럼 연출한 사진도 여럿 있고,[118] 2023년 잡지 『Perfect』 화보에서는 둥그런 뱃살로 임신한 것처럼 표현하기도 했다.[119]

샘 스미스 이전에도 성별과 젠더 개념을 뒤흔든 퀴어는 있었다. 그중 행위예술가 리 보워리(Leigh Bowery)의 퍼포먼스나 화보는 샘 스미스의 인스타그램 이미지와 비슷한 점이 많다. 보워리는 1980년대 영국 런던에서 활발히 활동한 아티스트인데, 전위적인 퍼포먼스로 이름을 알렸다. 샘 스미스처럼 드레스와 하이힐 등 전형적인 여성복을 착용한 것은 물론, 살집을 이용해서 여성의 유방을 표현하거나, 가발로 음모를 꾸미는 등 여성의 신체를 인위적으로 나타냈다.[120] 출산 퍼포먼스도 진행했는데, 아내인 니콜라 보워리가 리 보워리의 드레스 속에 거꾸로 매달려 있다가 스타킹을 찢고 나오는 퍼포먼스였다.[121] 샘 스미스도 거대한 드레스를 펼쳐 다리 아래에서 여성 가수가 등장하는 퍼포먼스를 선보인 적이 있다.[122] 샘 스미스의 이미지와 리 보워리의 퍼포먼스 사이의 유사성으로 보아 샘 스미스가 리 보워리의 작품을 어느 정도 참고하지 않았을까 추측해본다.

샘 스미스는 '논바이너리(non-binary)'라는 성 정체성과 동성애자로서의 성 지향성을 지닌 퀴어고, 리 보워리 역시 동성애자였다. 이들이 퀴어로서 표현하고자 하는 정체성은 복식을 이용해 성별과 젠더를 거꾸로 수행함으로써 드러난다. 샘 스미스와 리 보워리는 유방과 임신, 출산이라는 여성의 생물학적 특징을 '수행(performativity)'하고 '연출(performance)'함으로써 성별조차 비자연적으로 구성될 수 있음을 보여준다. 성별 역시 젠더만큼이나 수행가능한 대상으로, 사회적 구성물이라는 것이다. 신체 변형과 스타일링을 이용한 복식의 표현은 여성성의 기표로서 기능하며, 여성성이 신체와는 관련이 없음을 전한다.[123]

리 보워리와 샘 스미스가 여성의 신체, 그중에서도 모체를 구현한 것은 퍼포먼스로는 구현하기 힘든 생물학적 여성성에 도전한 것이다.[124] 이는 이성애 남성의 권위가 임신과 출산으로부터 배제됨으로써 유지된다는 점과 무관하지 않다. 임신과 출산으로 나타나는 모성적 특징은 여성만의 트라우마이며, 이로 인해 남성은 고통과 공포로부터 제외된 채 권위적인 존재로 머무를 수 있다.[125] 리 보워리와 샘 스미스는 남성의 신체로 여성만이 가능한 범위에 '자발적으로' 접근하면서 가부장의 권위를 뒤집었다. 이렇게 이 두 아티스트는 남성 중심의 젠더 규범을 파괴하고 있다.

샘 스미스와 리 보워리가 보여준 것은 성별과 젠더 구분의 '허구성'이다. 이들은 여성도 남성도 되지 못한/않은 채 경계에 머문다. 생물학적인 것은 절대적인가? 과학기술학자 임소연은 『신비롭지 않은 여자들』에서 객관적으로 보이는 과학 지식 역시 성 고정관념과 편견의 영향을 받는다는 사실을 지적한다.[126] 과학의 해석도 시각과 입장의 차이에 따라 달라질 수 있다. 어쩌면 이 글을 읽으면서도 누군가는 여성과 남성의 신체마저도 사회적 산물이라는 것에 공감하지 못할지도 모르겠다. 그러나 우리가 생각하는 여성과 남성의 신체는 다수의 모습이 '정상'이라는 착각, 신체적 특징으로 정의된 것들이 곧 선천적이고 자연적이라는 환상에 기반한다. 만약 이것에도 공감할 수 없다면, 다음과 같이 제안한다. 절대적인 것을 잠시 유보하고 예외를 위한 공간을 마련할 때 우리가 얼마나 포용할 수 있는지, 누가 소외되지 않을 수 있는지 생각해보자는 것이다.

유명 패션 디자이너 중에는 왜 게이가 많을까

유명한 패션 디자이너 중 상당수가 게이로 알려져 있다. 크리스토퍼 베일리, 시몽 포르테 자크뮈스, 알레산드로 미켈레, 톰 포드, 제레미 스캇, 마크 제이콥스, 장 폴 고티에, 조르지오 아르마니, 이브 생 로랑, 칼 라거펠트, 알렉산더 맥퀸, 피에르 발망, 크리스찬 디올… 게이 남성은 패션 산업을 이끄는 중요한 주체 중 하나다. 그런데 패션 산업은 '여성적인' 분야로 알려져 있고, 학교나 직업 환경에서도 여성이 다수인 경우가 많다. 미국 패션 학교 졸업생의 85%가 여성이고[127](나의 경험에 비추어 보아도 학과 내 남학생의 비율은 10~20%

정도에 불과했다), 전 세계 의류 노동자 중 60% 이상이 여성 노동자다.[128] 그런데 게이 남성은 어떻게 패션 산업에서 리더를 차지할 수 있었을까?

그 이유를 한 가지로 정의할 수는 없겠지만, 우선 일반적으로 게이 남성은 유행에 민감하고 스타일리시하다는 고정관념이 있다.[129] 이 고정관념은 모든 게이 남성을 포괄할 수 없음에도 불구하고, 패션 산업에서 나타나는 게이 남성의 영향력을 뒷받침해주고 설명해주는 좋은 수단이었을 것이다. 그러나 게이 남성의 트렌디함으로는 이들의 비중을 충분히 설명할 수 없다. 그럼 유행에 민감하고 스타일링에 관심이 많은 여성은 어디에 있는가?

한 논문에서는 '유리 에스컬레이터'라는 개념을 통해 패션 산업에서 게이 남성의 우세한 권력을 설명한다.[130] 여성이 성별로 인해 고위직으로 승진하지 못하는 현상을 가리키는 '유리 천장'과 반대로, 유리 에스컬레이터는 여성 중심의 분야에서 남성이 여성보다 빠르게 승진하는 경향을 설명하는 용어다.[131] 여성이 많이 일하는 곳에서도 남성이 더 유능하다는 인식이 있고 비즈니스, 경영, 리더십 등이 남성성과 연결되면서 남성이 이익을 보는 구조가 형성된 것이다. 게이 남성 디자이너는 정교한 장인 정신과 예술성을 인정받았고, 가정에서의 책임이 함께 언급되는 여성 디자이너와 달리 직업적 성과로만 주목받았으며, 여성 디자이너의 컬렉션이 감정적 가치로 표현될 때 객관성을 내세울 수 있었다.[132]

그렇다면 패션 산업은 LGBTQIA+의 모든 퀴어가 존중받는 분야인가? 한 연구는 패션미디어의 엘리트 디자이너 목록에 명시되거나 국가의 패션협회에서 상을 받은 디자이너를 분석했는데, 70~80%가 남성이었고, 그중 반 이상이 게이 남성이었으며, 레즈비언이나 양성애자 여성은 단 한 명도 없었다.[133] 이 통계는 여러 퀴어 집단 사이에도 위계가 존재함을 보여준다. 여성 퀴어나 트랜스젠더는 패션 산업에서도 여전히 비주류이다. 퀴어 집단 내부의 위계는 퀴어 집단 바깥의 위계와도 닮아 있다. 게이는 남성이고 레즈비언은 여성이기에, 남성의 권력적 우위로 인한 게이의 우위가 존재했다.[134] 퀴어 여성은 여성으로서 공적 공간에 참여하거나 스스로의 섹슈얼리티를 탐구하기 어려운 상황 속에 놓였기에 더욱 비가시화되었다.[135] 게이 남성이 누리는 남성으로서의 우위는 유명한 패션 디자이너 중 게이 남성의 비율이 높은 이유를 설명한다.

성 정체성 측면으로 보아도 상황은 비슷하다. 패션 산업의 트랜스젠더는 디자이너보다 모델로 등장하는 모습이 더 익숙하다. 트랜스젠더 모델은 20세기에 처음 등장했지만, 트랜스젠더 디자이너는 2019년 뉴욕 패션 위크에서 최초로 등장했다.[136] 물론 트랜스젠더 모델이 자주 보인다고 말할 수도 없다. 런웨이에서 트랜스젠더와 논바이너리(non-binary)의 비율은 2021년 봄 시즌에는 0.23%,[137] 2022 봄 시즌에는 0.91%에 그쳤다.[138] 20세기 동안 유니섹스, 앤드로지너스 등 젠더의 이분법을 벗어나는 트렌드가 논의되었음에도 트랜스젠더 모델이 본격적으로 눈에 띄기 시작한 것은 21세기가 되고 난 이후다.[139] 점점 트랜스젠더 모델의 가시성이 높아지고 있다고는 하지만, 여러 소수자가 그렇듯 단순한 등장이나 묘사로 등장하며 다양성의 상징으로 이용되는 듯한 접근이 나타나기도 한다.[140] 트랜스젠더가 디자이너보다 모델로 자주 등장하는 이유도 화보나 캠페인에서 중성적인 이미지로 소비되기 때문일 것이다.

여기서 말하고자 하는 것은 게이 남성이 덜 차별받는다며 그들의 권리를 덜 존중해도 된다거나 또 다른 적대감을 생성하려는 것이 아니다. 패션 산업의 여러 퀴어가 직면한 상황을 살펴보면 게이와 레즈비언이 다르고, 동성애자와 양성애자가 다르며, 성애적으로 퀴어인 이들과 성 정체성이 퀴어인 이들, 즉 트랜스젠더는 또 다르다. 이렇게 서로 다른 맥락을 지닌 집단을 퀴어라는 이름으로 묶을 때 각자의 특수한 상황들이 납작해지고 편평해질 수 있음을 우려하는 것이다. 이로써 패션 산업에서 퀴어는 여전히 존중받지 못함을 지적하며, 지속적인 사유가 필요함을 강조하고자 한다.

유리 에스컬레이터 개념을 주창한 사회학자 윌리엄스 크리스틴(Williams Christine)은 이 개념이 인종, 성적 지향, 계급 등이 교차되는 지점을 포괄하지 못한다고 덧붙였다.[141] 흑인 남성은 백인 남성과 같은 유리 에스컬리이터 현상을 겪지 못하며, 성적 지향이나 계급에 따라서도 그 경험이 달라진다는 것이다. 이번 챕터에서 언급한 영향력 있는 게이 남성 또한 대부분 백인이다. 패션 산업을 리드하는 일부 사람들이 가진 권위에는 여러 맥락이 있으며, 한 가지 특성으로 축소할 수 없다. 분명한 것은 패션 산업의 구조 역시 전체 사회의 구조와 닮아 있다는 것이다. 누가 주류인지, 누가 권위를 가지는지.

퀴어 미학은 퀴어를 표현하는가, 축소하는가

무지개색은 퀴어를 상징하는 색으로 알려진 지 오래다. 무지개 깃발, 또는 프라이드 깃발(pride flag)은 퀴어의 당당함과 연대를 의미한다. 많은 사람들이 퀴어를 옹호하고 지지한다는 의미로 무지개색을 내세운다. 무지개 깃발은 1978년 미국 예술가 길버트 베이커가 디자인한 것으로, 샌프란시스코에서 열린 '게이 프리덤 데이 퍼레이드(Gay Freedom Day Parade)'에서 처음으로 휘날렸다.[142] 그 이후 무지개는 퀴어 운동의 상징이 되었고, 퀴어 퍼레이드는 무지개 물결로 가득하다.

어떤 사람이 무지개 깃발을 온몸에 두르고 있다면, 이 사람은 얼마나 '퀴어스러운가'? 이 사람은 과연 퀴어일까, 퀴어를 지지하는 이성애자일까? 우리는 무지개색이 섞여야만 퀴어라고 정의할 수 있을까? 무지개의 상징성은 과연 퀴어의 목소리를 얼마나 대변할까? 여기서 무지개는 퀴어를 상징하는 여러 코드로 대체될 수 있다. 무지개뿐만 아니라 세상은 미디어와 예술 등 다양한 경로를 통해 퀴어를 표현하는 관행을 형성해왔다. 이것이 퀴어 미학(queer aesthetic)이다. 퀴어 미학은 퀴어를 얼마나 잘 표현하는가?

이제는 곳곳에서 퀴어의 상징을 볼 수 있지만, 무지개는 강한 상징성을 띤 나머지 상업적으로 이용되기 쉽다. 무지개를 내세웠지만 퀴어에 대한 진심 어린 존중과 지지가 배제된 경우가 생겨났다. 일부 기업은 소비자의 구매를 이끌어내기 위해서, 또는 진보적이거나 윤리적인 기업 이미지를 위해서 무지개를 마케팅 전략으로 활용해왔다. 이를 두고 '레인보우 워싱(rainbow-washing)'이라는 단어가 생겼다.[143] 퀴어 프라이드 기간 동안 무지개를 내세운 의류 제품을 판매하는 경우가 대표적이다. 티셔츠의 슬로건이나 무지개색 디자인으로 쉽게 윤리적인 이미지를 얻고자 하는 방식으로, 상징을 통해 구색을 맞추고 형식적인 노력만을 보여주는 '토크니즘(tokenism)'의 일종이다. 버버리는 2018년 컬렉션에서 시그니처 체크 패턴에 무지개색을 넣어 브랜드의 정체성과 퀴어 커뮤니티에 대한 지지를 연결했다. 물론 퀴어 커뮤니티를 향한 버버리의 진심이 담긴 표현일 수도 있겠으나, 무지개가 이를 '쉽게' 표현할 수 있는 방법임은 분명하다.

시각적으로 다가갈 수 있는 의류 제품은 퀴어의 지지를 상징적으로 표명하기에 효과적이다. 그러나 무지개색 상품으로 퀴어의 차별을 둘러싼 복잡한 역사와 상황들은 평면화된다. 이는 '레인보우 자본주의(rainbow capitalism)'와도 연결되는데, 퀴어 집단의 소비력이 확산되면서 수익을 의식해 퀴어를 겨냥하는 자본주의적 전략이 늘어나는 것이다. 퀴어가 소비자로서 주목받는 것은 퀴어의 주체성이 존중되고 사회적 포용으로도 연결될 수 있지만, 퀴어가 직면하는 다층적인 상황에 관한 충분한 논의 없이 자본주의적 가능성만 부각되기도 한다. 이것이 상품화와 무엇이 다른가?

퀴어가 상업적으로 이용된 사례는 무지개뿐만이 아니다. 엔터테인먼트 분야에서는 '퀴어베이팅(queerbaiting)'이라는 용어가 여러 번 등장했다. 여기서 'bait'은 미끼를 뜻하며, 더 많은 대중을 끌어들이기 위해 퀴어를 이용함을 뜻한다. 자신이 퀴어임을 암시하는 행위를 하지만, 정확하게 퀴어임을 밝히지 않은 채 퀴어 미학을 상업적으로 이용하는 행태를 가리킨다. 즉, 퀴어처럼 등장하되 퀴어를 대변하지 않는 것이다. 해리 스타일스가 퀴어베이팅 논란의 대표적인 사례다. 해리 스타일스는 생물학적 남성이지만 여성복을 자주 입는다. 이러한 모습은 젠더 고정관념에 도전하는 것이라고 볼 수도 있지만, 그가 성 지향성을 직접적으로 고백한 적은 없으며 여성과 연애해왔다고 알려져 있다.[144] 따라서 그가 퀴어 미학을 '이용'한다는 의혹이 제기됐다.

복식을 통해 젠더 고정관념을 비트는 것은 대표적인 퀴어 미학이다. 퀴어는 드랙과 같은 크로스드레싱으로 이성애 규범과 이분법적 성 구분에 도전해왔다. 이러한 시도 뒤에는 억압의 맥락이 있다. 젠더 경계를 허무는 것은 억눌렸던 퀴어 정체성의 해방이자 표현이다. 퀴어베이팅은 이에 대한 존중 없이, 심지어 이성애자 개인 또는 한 집단의 상업적 이득을 목적으로 퀴어 미학이 나타낼 수 있는 색다른 매력을 활용하는 것이다. 퀴어베이팅 개념이 지적하는 것은 퀴어의 상품화다. 퀴어 미학의 본질은 해방과 포용이어야 하는데, 자본주의적 목적이 우선시되었음을 꼬집는 것이다. 주류가 비주류의 독특한 정체성을 빼앗는 과정에서는 진정성이 훼손되기 십상이다. 퀴어베이팅은 곧 퀴어 정체성에 대한 위협으로 여겨질 수 있다.

그런데 한편, 퀴어 미학이 이용된 상황은 무조건 비난해야 할까? 퀴어 미학의 상업화는 단순히 긍정적이거나 부정적이라고 평가할 수 없는 복잡한 맥락을 지닌다. 그 이유로 첫째, 퀴어에 대한 새로운 시선을 이끌어내기 때문이다. 상업은 대중과 연결된다. 퀴어 미학의 상업화는 대중에게 퀴어의 가시성을 높인다. 퀴어 미학이 대중의 주목을 받음으로써, 퀴어에 대한 논의가 그만큼 확장되었다고 볼 수 있다. 일례로, 퀴어베이팅 담론의 등장은 퀴어에 대한 사회적 인식이 그만큼 향상됐다는 뜻이다.

둘째, 퀴어 담론에 섞인 이성애 규범의 권력을 적발한다. 퀴어베이팅이 대표적인데, 퀴어베이팅은 논란의 당사자가 퀴어가 아니라고 전제해야 하기 때문이다. 해리 스타일스의 경우도 그렇다. 그가 퀴어베이팅으로 비판받는 이유는 퀴어임을 명확히 밝히지 않았기 때문인데, 그렇다고 해서 해리 스타일스가 이성애자라고 볼 수는 없다. 그는 오히려 스스로의 섹슈얼리티에 대해 여러 가능성을 열어두겠다고 밝혔다.[145] 그는 양성애자일 수도 있고, 또는 특정한 성 정체성으로 자신을 규정하고 싶지 않아 할지도 모른다. 더불어 퀴어 정체성을 밝히기 어려운 현실을 고려하면, 커밍아웃한 퀴어만이 '퀴어스러움'을 드러낼 수 있냐는 논의로도 연결된다. 그의 사적인 영역을 모르는 상황에서 그의 행동이 퀴어베이팅이라 말하는 것은 그가 이성애자라고 가정했기 때문이다. 그 가정에는 다른 젠더의 가능성을 차단한 이성애 규범의 권력이 작동했다.

셋째, 퀴어의 상징화에 대해 질문을 던진다. 퀴어는 사회적으로 '퀴어스럽다'고 여겨지는 태도와 스타일에 국한되어야 하는가? 오히려 퀴어와 비퀴어의 경계가 모호해질수록 퀴어가 더 당당히 퀴어로 나설 수 있지 않을까? 퀴어 미학에서 묘사하는 퀴어와 동일하지 않은 퀴어도 존재할 것이다. 미디어에서 등장하는 이성애자의 모습이 항상 현실과 같지 않은 것처럼. 퀴어는 어떠한 모습으로도 퀴어다. 이미 무지개는 한계에 부딪혔다. 이벤트성이 강하고, 형식적으로 이용되기 쉽다. 무지개와 크로스드레싱은 퀴어의 해방을 표현하고 지지하기 위해 사용되었지만, 퀴어의 정체성을 표현하는 방법이 여기에 그쳐선 안 된다. 퀴어는 어떻게 재현될 수 있을까? 이 질문엔 정답이 있을 수 없다.

분명한 것은 이 모든 상황이 논의를 촉발한다는 점이다. 무엇이 퀴어를 상업적으로 이용하려는 시도이고, 무엇이 잘못되었는지, 무엇이 부당한지 대화하는 과정에서 퀴어를 둘러싼 사회적 맥락을 점점 들춰낸다. 퀴어 퍼레이드에서 무지개 깃발을 걸치는 모습, 레인보우 워싱과 퀴어베이팅을 지적하는 기사,

또는 퀴어베이팅에 대한 지적을 다시 생각해보자는 질문. 모두 환영할 만한 것이다. 물에 젖어 붙어 있는 종이를 한 겹 한 겹 갈라내듯이 점차 이면을 벗겨내고 이야기하는 듯하다. 이 논의가 퍼지고 확산되어서, 어디까지 닿을 수 있을까?

◇◇◇◇◇◇◇◇◇◇◇◇◇ 패션과 문화 다양성 ◇◇◇◇◇◇◇◇◇◇◇◇

지금까지 사람의 신체를 중심으로 다양성을 논의해왔다면, 이제 네이션(nation)을 중심으로 다양성을 논의하고자 한다. 네이션이란 보통 '국가'로 번역되곤 하지만, 민족 정체성, 역사문화적 배경, 종교 등을 공유하는 인구 집단을 총체적으로 의미하는 단어다. 우리는 '한민족 국가'라는 인식을 갖고 자랐기 때문에 국가와 민족을 일치하는 개념처럼 생각하곤 하지만 이 두 가지가 일치하지 않는 경우도 많다. 각 네이션은 고유한 문화와 관습을 형성하며 현재까지 이어져 왔다. 그래서 집단 바깥의 사람이 보았을 때 그 문화의 독특함은 낯설고 이질적이며 매력적인 대상이 될 수 있다. 모든 네이션은 서로 접촉하며 새로운 문화를 만들어내기도 하고, 서로의 문화에서 영감을 받아 예술로, 디자인으로 재탄생시키곤 한다. 패션 그리고 복식은 이 네이션과 깊은 연관을 가진다. 어떤 지역에서 유래했는지, 어디에서 유행이 시작되었는지 등 패션과 복식에는 지역적 · 민족적 · 국가적 배경이 자리한다. 이를 살펴보면 세계의 지정학적 맥락도 들춰볼 수 있다. 먼저 패션이 어디서 시작되'었'고, 어디서 시작되'는'지 살펴보자.

'어디서 시작되었냐'는 질문은 역사적 맥락이다. 지금과 같은 패션 시스템이 모습을 갖추던 때를 살펴보아야 한다. 패션은 본질적으로 선망받는 소수가 가장 먼저 새로운 유행을 선보이고 이것이 다수에게로 확산되는 과정이다. 아마 이러한 '현상' 자체는 어디에나 있었을 것이다. 청동기 시절에는 한 패셔니스타가 강아지풀로 꾸민 청동거울을 유행시켰을지도 모른다. 호주의 어떤 돌고래 사이에서는 바닷속의 스펀지를 입에 끼우고 다니는 유행이 생겼고, 스펀지에 따라 파벌이 갈라졌다고도 한다.[146]

따라서 현대적인 패션의 시작이란, 지금처럼 브랜드를 중심으로 한 산업화된 시스템의 시작을 의미한다. 패션의 산업화에는 몇 가지 계기가 있었다. 첫 번째 계기는 산업혁명 이후로 대량생산을 위한 기술적 환경이 갖춰진 것이다. 가내수공업이 아니라 기계화된 공장에서 옷을 만드는 환경이 마련됐다. 이는 산업혁명이라는 용어가 지시하는 의미 그대로 패션이 산업화될 수 있는 배경을 형성했다. 두 번째 계기는 찰스 프레데릭 워스(Charles Frederick Worth)가 고급 맞춤복, 오트 쿠튀르의 시스템을 만들며 '디자이너'와 '패션 브랜드'의 개념을 탄생시킨 것이다. 옷을 만드는 기술자(dressmaker)가 아니라 디자이너와 브랜드라는, 패션을 만드는 창의적인 주체가 생겼다. 이들은 단순한 옷이 아니라, 특유의 스타일을 바탕으로 유행을 만들어내는 패션 시스템의 권위자였다. 세 번째 계기는 '레디투웨어(ready-to-wear)'가 시작되면서 맞춤복이 아닌 기성복으로 트렌드를 향유할 수 있는 시대가 열린 것이다. 패션은 시간이 흐르면서 점점 대중화되었고, 자연스레 산업의 규모 역시 커졌다. 네 번째 계기는 아웃소싱이 시작되면서 제3세계에서 제조가 이루어지는 세계화 구조가 형성된 것이다. 두 번째 계기 이후 서구 사회는 패션 트렌드를 주도하며 패션의 생성을 도맡았고 그에 따른 권위를 확보했는데, 아웃소싱은 서구 패션 시스템이 그 권위를 강화하는 방법 중 하나였다. 노동집약적이고 오염이 심한 제조업은 서구 바깥으로 밀어 넣은 채, '디자인'과 '트렌드', '소비'라는 패션의 밝은 측면만 서구에 남았다. 이렇게 패션 시스템이 형성된 역사에는 서구, 특히 유럽에서 시작해 '나머지'로 확산된 흐름이 있었고, 그들의 권위를 확립하는 과정이 있었다. 이는 제조를 담당하는 국가와 소비가 이루어지는 국가가 구분되는 현재의 구조 속에서도 뚜렷하게 존재한다.

그렇다면 두 번째 질문, '패션은 어디에서 시작될까'는 역사적 맥락이 아닌 지금, 새로운 패션이 어디에서 시작되고 있는지를 묻는 것이다. 누가 트렌드를 주도하고 있는가? 패션이 확산하는 방향에는 여러 가지가 있지만, 패션 시장에서 강력하게 기능하는 암묵적인 합의가 있다. 럭셔리 패션의 새로운 컬렉션이 트렌드의 방향을 결정한다는 것이다. 그렇기에 우리는 이들의 런웨이를 보며 트렌드를 가늠하고, 늘 멋지게 등장하는 모델과 셀러브리티의 모습을 선망한다. 여전히 패션은 서구의 시스템에 기반하여 이루어진다. 이렇게 오늘날의 패션 시스템은 서구에서 만들어져서 서구에서 기능하고 있다.

이 구조는 세계를 이루는 전반적인 구조와 다르지 않다. 유럽을 비롯한 서구를 중심으로, '나머지'를 주변부로 인식하는 제국주의적 기틀은 서구 국가가 식민지를 넓히며 세계를 땅따먹기하던 시절부터 확립됐다. 서구 국가가 식민지 확장을 합리화한 근거는 '문명화'였다.[147] 비서구 문화를 열등한 것으로 여기는 것은 식민통치를 위한 효과적인 도구였다.[148] 이 관점에서 '미개한' 지역은 서구의 문물로 가르치고 개화해야 한다는 논리가 가능했다. 따라서 식민지는 자원을 빼앗기고 노동력을 착취당할 뿐만 아니라 토착 문화, 전통의식까지도 서구의 방식으로 대체되었다. 이 문화적인 침투는 서구가 지배 권력을 강화하고 재생산하는 방법이었다. 우리나라도 일제강점기에 문화적 억압을 겪었듯이, 문화의 삭제는 식민지로서 정체화시키는 방법 중 하나다. 이렇게 서구의 문물은 전 세계적으로 확산되었고, 곳곳의 토착문화를 뒤덮으며 지구를 관통하는 생활방식으로 자리 잡았다. 패션 시스템이 서구에서 출발하고 작동하는 것처럼 여전히 서구는 문화적 중심부다.

이처럼 서구와 비서구 사이의 위계는 견고하다. 이 위계가 작동하는 방식은 크게 수탈과 배제, 두 가지로 정리할 수 있다. 첫 번째, 수탈은 식민지에서 자원을 빼앗듯 문화적 자원을 약탈하는 양상을 설명한다. 비서구의 다채로운 전통 문화는 서구의 시각에서 매력적인 '영감'으로 다가왔고, 서구에서는 그 문화적 요소를 마음대로 가져다 썼다. 그 과정에서 전통 문화는 깊이가 얕아지고, 비물질적 가치가 생략되곤 한다. 두 번째, 배제는 비서구의 전통 문화가 비가시화되는 것을 의미한다. 서구의 문화는 세련된 것, 고상한 것으로, 비서구의 문화는 촌스러운 것, 옛것, 뒤처진 것으로 인식되는 것이다.[149] 이러한 시각은 우리, 즉 비서구인에게도 내면화된 시각이다. 서구의 문화는 이어지고 있으나, 비서구의 문화는 단절되었다. 그뿐만 아니라 서구의 '창의적' 활동을 위한 '재료'로 활용되고, 이는 다시 서구의 경제적 가치 창출로 이어지는 구조가 형성된다. 이렇게 무수한 비서구 문화가 외면받고, 배제된다. 이 수탈과 배제는 전 세계의 문화를 동질하게 만들었고, 지구는 문화적 다양성을 잃어가고 있다.

이번 챕터에서는 서구 중심의 패션 시스템을 뜯어보며 우리나라 전통 복식의 현재와 미래를 함께 논의해보고자 한다. 비서구 국가로서 우리나라는 서구 중심의 위계질서의 영향을 받지만, 이를 지적하는 논의는 우리나라 패션계에서 잘 이루어지지 않는다.

패션은 누가 결정하는가

패션은 새로움을 의미한다. 독창성에 대한 지속적인 요구 속에서 영감의 발굴이라는 과제는 늘 중요하다. 영감을 찾는 시선은 주로 타국, 다른 네이션의 문화로 향했다. 외부는 새롭고 낯선 대상을 쉽게 만날 수 있는 공간이기 때문이다. 서구의 디자이너들은 외부의, 특히 동양의 문화를 가져와 영감으로 활용했고, 열광적인 반응을 얻었다. 폴 푸아레(Paul Poiret)는 **램프셰이드 튜닉**(lampshade tunic)이나 **하렘 팬츠**(harem pants)처럼 아시아와 아프리카 국가의 전통 복식을 여러 번 차용했고, 마르지엘라는 일본의 타비(tabi)를 활용해 신발을 디자인했다. 빅토리아 시크릿은 패션쇼에서 일본의 게이샤, 중국풍의 용 장식, 미국 원주민의 문화를 컨셉으로 활용했다. 방금 언급한 이 사례들은 아주 일부다. 타국의 문화가 자아내는 이국적인 분위기는 이 디자이너들의 컬렉션을 관통하고, 소비자가 해당 브랜드에 주목하는 이유였다. 즉 이들은 타국의 문화를 가져와 차용함으로써 상업적인 이득을 벌어들인 것이다. 이러한 방식은 언뜻 보면 패션에 새로운 문화적 요소를 도입함으로써 다양성을 추구하는 듯하다.

그렇다면 디자이너는 그 문화가 가진 역사적, 사회적 깊이를 충분히 담아냈을까? 외부의 시각에서 일방적으로 가져와 '느낌'만 이용했다면 이것은 그 문화를 납작하게 만드는 행위가 아닐까? 존중하지 않고 함부로 대한다면 차용이 아니라 도용이 아닐까? 다른 네이션의 문화를 도용하여 돈을 벌어도 되는가? 이런 문제의식은 '문화 전유(cultural appropriation)'라는 개념으로 설명할 수 있다. 옥스퍼드 사전에 따르면 '전유(appropriation)'의 의미는 '무언가를 불법적으로, 불공정하게 가져오거나 사용하는 행위(the act of taking or using especially in a way that is illegal, unfair, etc.)'라는 뜻이다. 문화 전유란 한 사회의 관습, 관행, 아이디어 등의 문화 요소를 지배적인 권력을 가진 외부의 사람 또는 사회가 부적절하게 채택하는 행위를 의미한다. 타 문화에 대한 이해나 존중 없이 문화적 요소를 사용하는 것이다.[150] 빌려 쓰는 '차용'의 개념과는 달리, 전유는 일방적이고 강제적인 맥락이 있어 '도용', '점유', '가로채기'나 '횡령'에 가깝다.[151]

'국가'나 민족'의 문화만 영감이 되는 것은 아니었다. 종교적 상징이나 복식 역시 타 집단에 의해 전유될 수 있다. '구찌(Gucci)'는 2018년 FW 컬렉션에서 '문화 전유'라고 비난받았다. 이 컬렉션에서는 백인이 히잡과 터번을 쓰고 등장했고, 그에 대한 종교적, 문화적 존중 없이 디자인 요소로 차용했다는 점에서 문제가 되었다.[152] **'마린 세르(Marine Serre)'도 2018년 FW 컬렉션에서 같은 논란을 일으킨다.** 마린 세르가 사용하는 초승달 문양은 이슬람교에서 상징적인 문양이고 눈을 제외한 모든 부위를 가리는 착장은 히잡과의 연관성이 두드러지지만, 무슬림 모델은 등장하지 않는다.[153] 서구 패션계에서 이슬람교가 연상되는 이미지를 쉽게 차용하는 모습은 서구 중심의 권력이 문화적으로 작용한다는 사실을 암시한다. 특히 유럽 국가에서 부르카금지법이 시행되는 상황에 마린 세르가 얼굴을 가리는 디자인을 사용할 수 있는 건 백인의 특권 때문이라는 지적이 있다. 무슬림에게 히잡이란 여성만 쓰는 것 이전에, '무슬림'이라는 정체성을 뚜렷하게 전달하고, 종교적 신앙심을 표현하는 방식이다. 히잡에는 이슬람 문화권의 종교, 사회, 문화적 배경이 뒤섞여 있으며, 무슬림 여성의 신분이나 민족, 신앙심 등의 복합적인 메시지를 담고 있는 것이다. 구찌나 마린 세르가 비판받는 지점은 영감이라는 이름으로 다른 국가 또는 민족, 종교 집단의 문화, 정체성을 일방적으로 가져와서 '재료'로 사용했기 때문이다.

문화 전유의 핵심은 권력이다. 영감을 사용하는 주체는 누구인가? 영감의 대상이 되는 것은 누구인가? 이 주체와 대상의 관계는 문화 전유가 나타내는 불균형적인 위계질서를 설명한다. 응시의 주체, 예술의 가치를 부여할 수 있는 주체는 권력을 가졌다. 누가 붓을 휘두를 수 있는지는 그림 바깥의 구조를 반영한다. 영감의 대상은 보통 비서구 문화고, 이를 활용하는 쪽은 서구 디자이너다. 즉 패션계에서는 서구 중심의 지배적인 권력이 존재한다. 비서구 문화가 영감이 될 수 있는 이유는 서구의 시각에서 낯설고 새롭기 때문이다. 비서구권 문화가 이질적이라고 여겨지는 사실은 그 자체로 서구 중심적 사고를 담지하며 동양의 문화는 그동안 타자화되었다는 것을 뜻한다. 우리는 여기서 비서구 문화의 주변성을 확인할 수 있다.*

그렇다면 서구는 이러한 지위를 어떻게 얻었는가? 왜 4대 패션 위크는 서구 도시에서 열리고, 패션 트렌드를 주도하는 하이 패션 브랜드는 주로 서구에 위치하는가? 왜 패션은 서구에서 시작되었고 여전히 서구에서 생성되는가? 이는 서구가 패권

* 문화 전유는 서구와 비서구 관계뿐만 아니라 인종, 계급 등 여러 맥락에서 나타날 수 있지만, 본 책에서는 서구 중심의 위계 질서에 초점을 둔다. 더불어 문화 전유를 명확하게 판별하기 어렵고, 지나치게 비판할 경우 창의적 해석을 제한할 수도 있다는 복잡한 측면이 존재하지만, 우리나라는 비서구 국가이면서도 문화 전유에 대한 논의가 활발하게 이루어지지 않기 때문에 비판적인 맥락을 조금 더 강조하고자 한다.

을 잡아온 역사적 흐름과 무관하지 않다. 패션 시스템은 서구 중심으로 발현되었다. 다양한 국가가 비슷한 시기에 복식의 현대화를 겪고 동등하게 교류한 것이 아니라, 서구 국가에서 '먼저' 구축한 패션 시스템을 통해 비서구 국가의 문화를 '자원으로' 활용한 것이다.

여기서 우리가 주목해야 할 지점은 그 구조가 어떻게 재생산되면서 유지되냐는 것이다. 패션에서 서구가 가진 권력은 어떻게 정당화되는가? 앞에서도 살펴보았듯 중심부와 주변부를 나누고 주변부의 착취와 수탈로 중심부를 먹여 살리는 자본주의의 구조는 식민주의와 함께 확산했다.[154] 비서구 지역에서 물질적으로, 문화적으로 자원과 노동을 제공하면, 서구는 잉여와 소비를 즐기는 구조다. 문화 전유는 이렇게 중심부에 위치한 서구가 비서구를 자원으로 여기면서 발생한다. 이 구조에서 서구는 패션을 정의할 수 있는 권한을 가지면서 권력과 지위를 유지한다.

패션 시스템에서 서구는 무엇이 패션이 될 수 있는지 결정할 수 있는 권한을 가진다. 이 과정에서 비서구의 문화는 배제될 뿐만 아니라, 패션이 되기 위해서는 서구의 인정을 받아야 한다. 이 구조는 다음의 사례에서 잘 이해할 수 있다. 샬와르 카미즈(shalwar kameez)는 중앙아시아와 남아시아에서 입는 전통 복식인데,[155] 다이애나 왕세자비가 입고 나서 『뉴욕타임스』에 'Indo-chic'라는 수식어로 주목받았다. 비서구 국가인 인도의 전통 복식이 패션으로 인정받을 수 있었던 이유는 서구의 유명한 패션 아이콘이 입었기 때문이다.[156] 아프리카의 전통 직물 또한 루이비통이나 버버리와 같은 럭셔리 패션 브랜드에서 사용한 이후에 패션 시장에서의 가치를 인정받았다.[157] 즉 패션으로서의 가치는 서구의 손을 거쳐야 생긴다.

뉴욕주립패션공과대학교(Fashion Institute of Technology) 교수 유니야 가와무라는 1980년대에 레이 가와쿠보, 이세이 미야케, 요지 야마모토 등의 일본 패션 디자이너가 전 세계의 주목을 받았던 이유를 그들이 파리 패션계에서 인정받았기 때문이라고 꼽는다.[158] 파리는 패션계에서 상징적인 장소로, 프랑스 패션 시스템의 인정은 디자이너의 성공, 즉 재능의 발현과 명성의 확보로 연결된다는 것이다. 서구는 특정한 문화적 요소가 패션이 되기 위해 통과해야 하는 장소이자 조건이고, 비서구 디자이너가 세계적인 디자이너가 되기 위해 거쳐야 하는 관문이다. 즉 제국주의와 식민주의는 옛날에 멈춰 있는 역사적 개념이 아니고, 현재까지 계속 영향을 미치는 지속적 개념이다. 무의식적인 기저에 깔려 있는 식민주의적 구조를 들춰보고 비판적으로 해석해보는 시간이 필요하다. 문화적 다양성에 대한 논의는 그 중심에 있다. 패션 산업 역시 여전히 세계를 지배하는 식민주의적 위계에 깊이 물들어 있다.

혹자는 패션 브랜드를 통해 잘 알려지지 않은 비서구 문화가 전 세계적인 주목을 얻는다면 그 문화가 더 발전할 가능성이 생기는 것이라고 답할 것이다. 이 지점은 문화 전유에 관한 논의에서 나타나는 중요한 쟁점이다. 우리나라의 관점에서 좀 더 자세히 살펴보자.

우리는 샤넬에 고마워해야 할까

우리나라로 시각을 돌려보자. 샤넬은 2016년 한복을 주제로 크루즈 컬렉션을 발표했다. 우리나라는 환호했고, '고마워했다'. 그 고마움은 무엇을 뜻할까. 세계적으로 존재감이 없던 우리나라, 그리고 우리나라의 문화가 드디어 글로벌의 시선을 얻게 되었음에 기뻐하는 것이다. 그런데 정말로 고마워할 만한 일일까?

문화 전유에 대해 배웠을 때 샤넬의 한복 크루즈 컬렉션을 곧바로 떠올렸다. 배운 대로라면 문화 전유에 해당될 것 같았다. 그래서 기사를 뒤지고 뒤졌다. 이 패션쇼에 불편감을 비춘 사람이 한 명이라도 나온다면 내 생각을 입증할 수 있으리라 생각했다. 그러나 결국 아무 자료도 찾지 못했고, 문화 전유를 의심했던 생각에 자신이 없어졌다. 이후 문화 전유에 대한 외국 도서를 읽게 되었는데, 샤넬의 한국 패션쇼가 문화 전유의 대표적인 사례로 등장했다. 내 의심이 맞았다. 한국어로만 자료를 찾아보았을 때는 비판적 시선이 현저히 부족했다. 한국에서 열린 패션쇼이고, 한국의 전통 복식에 대한 이야기니 한국에서 논의가 시작되었을 거란 가정이 잘못되었다니. 확실히 깨달았다. 우리는 문화 전유에 대한 인식이 부족하다.

샤넬에서 표현한 한복은 어떤 부분이 잘못되었을까? 샤넬의 일방적인 시선은 어떻게 드러날까? 세 가지 기준으로 살펴보았다. 한복에 대한 논문 「현대 외국인 작가의 삽화에 나타난 한복 이미지」(2021),[159] "Traditional dress in fashion: Navigating between cultural borrowing and appropriation"(2023)[160]에서 제시된 내용을 참고했다. 첫 번째 논문에서는 아동도서 삽화를 분석하여 서구의 시각에서 인식된 한복 이미지를 유형화했고, 두 번째 논문에서는 해외 패션 컬렉션에서 한복을 차용한 사례를 분석했다. 여기에 개인적인 해석을 추가하여 작성하였다.

첫째, 구성에 대한 이해 부족으로 인한 형태의 변형이 나타나 한복의 요소가 다르게 표현된 부분이 있다. 서구 복식과 달리 평면으로 제작되는 한복의 구성 방법을 이해하지 못해 구조를 자세히 파악하지 못한 까닭이다. 예를 들어, **어깨에서 겨드랑이로 떨어지는 선은 평면으로 제작된 저고리가 입체적인 인체에 입혀졌을 때 자연스럽게 생기는 주름인데, 이러한 구조적 특성을 이해하지 못하여 솔기처럼 표현했다.** 깃도 목 부분의 가장자리를 마감한 형태가 아니라, 추가적인 장식 요소로 변형되었다. 한 착장은 언뜻 보면 배자를 표현한 것 같지만 구성방법이 다르기 때문에 전혀 다른 실루엣이 나타난다. 본래 배자는 평면으로 재단되어 직각의 어깨선이 나타나지만, 여기서는 동그랗게 어깨의 입체적 형태를 따르고 있다.

둘째, 서구 복식의 실루엣과 디테일이 나타나며, 전체적으로 서구 복식 기반의 형태를 고수하고 있다. 따로 놓고 보면 한복에 대한 컬렉션인지 모를 만한 디자인도 많다. 재킷과 셔츠가 자주 등장하고, 심지어 저고리의 형태를 차용한 것으로 보이지만 깃이 칼라와 라펠(lapel)*처럼 표현되어 테일러드 슈트의 요소가 드러나기도 한다.

셋째, 동아시아 문화에 대한 일반화를 확인할 수 있다. 서구의 시각에서 한국과 중국, 일본의 문화는 '동양적인' 느낌으로 일반화된다. 각 문화별 고유한 특징은 배제되고, '동양풍'이라는 전형적인 이미지로 치환된다. 이 컬렉션에도 중국과 일본 문화의 분위기와 비슷하게 느껴지는 경우가 있었다. 머리와 화장 스타일이 중국 분위기를 풍기기도 했고, **나전기법이 연상되는 한 착장은 옷의 형태 때문에 치파오 같은 느낌이 났다.** 나전처럼 삼국에서 모두 나타나는 문화적 특징은 각 국가별 고유한 차이에 더욱 주의해서 표현했어야 한다.

넷째, 쪽 찐 머리를 두 쪽으로 나누어 머리 위에 양 갈래로 땋아 올린 모습은 전통의 모습과는 차이가 있고, 금발의 모델에게 검은색 머리카락으로 쪽 찐 머리를 얹었다는 점에서 단순히 장식적인 요소에 그쳤다. 모델의 머리를 땋아 올린 것이 아니라 새로운 장식이 추가되었다는 점에서 '쪽'은 전혀 다른 개념이 되었다. 가채도 마찬가지였다. 금발의 모델이 검은 가채를 써서 가채가 단순히 머리에 얹는 요소가 되었다는 점 등 의미와 기능이 달라진 지점이 있다.

* 재킷이나 코트에서 앞몸판이 칼라와 연결되면서 젖혀진 부분을 의미한다.

다섯째, 전통적인 색채가 두드러지는 착장에서 유독 시스루를 사용하거나 신체를 노출하여 섹슈얼하게 표현한 의상이 눈에 띈다는 점에서도 동양에 대한 대상화에서 벗어나지 못한 경향이 나타난다. 서양이 동양에 대해 가지는 판타지는 섹슈얼한 맥락으로 드러나는 경우가 있다. 동양에 대한 서양의 일방적인 시선을 반영한 오리엔탈리즘은 서양에서도 남성을 중심으로 구성된 담론으로, 비백인 여성을 성적 대상화하는 시각이 확인되기도 한다.[161] 아시안 여성을 페티시화하는 백인 남성을 가리키는 '옐로우 피버(yellow fever)'라는 용어에서도 알 수 있다.

물론 이 컬렉션에서 배씨댕기 등에 쓰이는 꽃 장식이나 나전칠기, 조각보와 같이 한국의 여러 전통문화 요소가 나타나고 있어 시각적 모티프를 다양하게 사용한다는 점은 긍정적이다. 하지만 전반적으로 이는 서구가 외부의 시각에서 한복을 '대강' 바라보았을 때 나올 수 있는 결과물이었다. 색채와 문양 등의 시각적 효과로 한국적인 '분위기'를 나타냈을 뿐이다. 이에 한복의 형태와 무관하게 '임의로' 변형한, 서구의 방식으로 이해한 일방적 해석이 다수를 차지한다. 특히 평면으로 재단된 옷이 몸을 자연스럽게 감싸는 방식도 지워지면서 몸과 의복의 관계를 인식하는 전통적인 사고방식도 드러나지 않는다.

샤넬의 컬렉션을 통해 한복이 전 세계적으로 널리 알려지면 좋은 일 아닐까? 이미 기울어진 서구와 동양의 권력 구조에서 우리의 전통이 더 주목받고 문화적 가치를 인정받을 수 있다면 긍정적인 흐름이 아닐까? 노르웨이의 가수 **오로라(Aurora)는 한 야외 콘서트에서 한복을 입고 노래를 불렀다.**[162] 세계적으로 인정받는 가수가 한복의 아름다움을 인정하고 직접 입어서 알리는 것은 어쩌면 우리에겐 고마운 일이다. 그러나 오로라가 입은 한복 그 어디에도 한국의 문화와 역사적 맥락이 존재하지 않는다. 노르웨이의 숲에서, 노르웨이의 가수가, 영어로 노래를 부를 뿐이다. 착용한 복식에 대한 설명도 없었다. 단순히 신비로운 느낌을 주기 위해서 한복을 입은 거라면, 외국인의 시각에서 바라본 한복의 이질적인 분위기에서 착안한 것이다. 이는 일방적인 서구 중심적 시각이다. 그렇다면 우리의 전통문화는 외국 사람의 상업적 전략으로 활용되어도 괜찮은가? 타국의 전통문화를 상업적 목적으로, 역사적 의미와 맥락을 충분히 제시하지 않고 활용해도 괜찮은가? 오로라의 콘서트에 있었던 사람들은 오로라가 입고 있었던 옷이 무엇인지 대부분 몰랐을 것이다. 쉽게 말하면 '우리의 것'을 구체적인 설명 없이 마음대로 가져다 쓴 것이다. 문화에 대해서는 아무도 소유권을 주장할 수 없겠지만, 타국의 문화를 무분별하게 활용하는 것은 권장할 만한 것인가? 영감이라는 명목으로 어디까지 허용되어야 하는가?

우리는 '누군가는 쉽게 사용한다'는 사실에 주목해야 한다. 타국의 문화를 빌려 오겠다는 결정이 가능한 것 자체로 서구의 디자이너/아티스트가 누리는 권력적 위치와 선진화된 시스템이 드러난다. 서구 국가이기 때문에 더 쉽게 타국의 문화를 선점하는 기회를 가지는 것이다. 왜 우리는 직접 한복을 일상화하지 못했고, 샤넬이 한복을 재해석하는 것에 환호해야 하는가? 왜 우리는 샤넬이 한복을 해석하는 것을 비판적으로 바라보지 못했는가?

서구에서는 역사가 흐르면서 복식이 자연스럽게 현대화되었지만, 우리는 다른 나라의 복식으로 '바뀌었다'. 역사적, 정치적 흐름이 아니었다면 한복은 다른 방식으로 변화를 겪지 않았을까? 서구 복식에 한복의 요소를 장식하는 방법이 아니라, 한복이 현대에 적응하며 스스로 바뀌는 흐름을 볼 수 있지 않았을까? 그 과정에서 폴 푸아레나 코코 샤넬처럼 한국 복식사에 획을 긋는, 영향력 있는 디자이너도 등장했을 것이다. 세상의 흐름을 서구 국가가 장악하게 되면서 우리가 잃은 것은 분명하다. 우리의 가치를, 우리만의 시각으로 바라볼 줄 모른다는 것. 우리는 우리의 것을 얼마나 자부심 있게 바라보고 있는가? 우리에게는 체화된 세계의 권력구조가 있다. 우리는 주체적인 시각을 잃었다.

서구 중심의 위계질서는 서구를 문명화된 곳으로, 비서구를 미개한 곳으로 분리한다.[163] 생물학적으로 우월하기에 문명을 발전시킬 수 있었다는 사회적 다윈주의, 우생학 등의 과학적 논의를 가져와 서구 백인 중심의 제국주의적, 인종주의적 위계질서를 설명한다. 이러한 구분은 복식에도 적용되었다. 서구의 복식이 구조적으로 복잡하고 정교하기 때문에 비서구의 복식보다 더 발전된 형태라는 것이다. 복식은 문명화되고 경

제적으로 발전한 사회를 나타낼 수 있는 가시적인 방법 중 하나였다.[164]

우리 역시 보통 서구의 것이 발전된 것이라 여긴다. 우리의 전통을 구식이라 여겼던 순간이 떠오르지 않는가? 하지만 '좋은 방향', '발전된 것'이라고 판단하는 기준은 어떤 권력적인 잣대가 작용한 결과다. 서구의 방식만 '현대적'이라고 생각하게 '된' 것은 아닐까. 서구의 철학, 서구의 경제학, 사회구조, 모든 것이 서구의 방식으로 흘러가는 현대 시대를 생각해보면 우리의 가치판단 과정 또한 서구의 방식을 따르고 있을지도 모른다.

문화 전유에 대한 판단 기준은 다소 모호하고, 지나친 검열이 창작을 제한하는 결과를 가져올 수도 있다. 또 디자이너가 자국의 문화만 활용해야 하냐는 반론이 제기될 수도 있다. 서로의 문화를 쉽게 접하고 교류하는 다문화 시대에, 자국의 문화만 창작에 활용하는 것은 지나치게 제한적이다. 하지만, 이를 걱정하기엔 우리나라에서는 비판적인 의견이 지나치게 부족하다. 서구 중심적 시각은 우리의 뼛속 깊숙이 내재되어 있다. 우리의 전통문화를 외부의 시각이 섞인 채 바라보게 되는 것이 안타깝다. 이 때문에 우리 문화가 갖고 있는 내재적인 가치나 의미가 퇴색되진 않을지 우려스럽다. 샤넬의 한복 디자인을 대부분 비판적으로 바라보지 않았다는 것이, 그저 환영했다는 사실이 씁쓸하다. 우리는 한복에 대한 충분한 이해와 존중과 노력을 요구해야 했다.

문화 전유를 지적하는 것은 창작을 제한하고자 함이 아니다. 패션을 형성할 수 있는 기준과 권한이 마치 서구에만 존재하는 듯한 구조를 지적하기 위함이다. 비서구 국가에서는 서구문화가 지배적으로 확산되면서 전통문화는 사장되어가는데 서구 국가는 원하는 대로 타국의 문화를 선택하고 수집하고 변형할 수 있다. 그 과정에서 비서구 문화의 깊이가 납작해지고 편평해지는 것을 지양하기 위해 비판적인 지적은 필요하다.

장인의 가치는 공평하게 인정받는가

디올이나 샤넬의 광고 영상을 보면 종종 하얀 가운을 입은 사람들이 정교한 작업을 하는 모습이 보인다. 핀셋으로 조그마한 장식을 달거나, 재봉틀 바늘이 천천히 지나가며 반듯한 스티치가 만들어지는 등 제품 하나하나가 사람의 손으로 제작되는 것처럼 보여준다. 물론 어떤 제품이든 사람의 손을 거쳐 만들어진다는 사실은 다르지 않다. 패스트 패션 브랜드의 제품도, 럭셔리 패션 브랜드의 제품도 모두 의류 노동자의 손길을 거친다. 그러나 럭셔리 패션 제품은 '하얀 가운'을 입고 등장하는 사람, 즉 '장인'*이 만드는 모습이 부각된다는 점에서 차이가 있다.

장인 정신은 럭셔리 패션 브랜드가 가진 헤리티지의 기반

* 이 글에서 장인이란 오랫동안 익힌 기술을 바탕으로 정교하게 물건을 만드는 사람이다. 디자이너가 아닌 제작자를 의미한다. 봉제, 자수 등 다양한 분야가 있다.

과도 같다. 루이비통, 에르메스, 구찌 등 유명한 패션 브랜드의 역사를 거슬러 올라가 보면, 그들은 패션 브랜드가 아닌 공방에서부터 출발했다. 루이비통은 트렁크 공방으로 시작했고, 에르메스는 마구용품 공방이었다. 공방에서부터 시작하지 않은 브랜드라 하여도 럭셔리 패션의 시작은 '오트 쿠튀르(haute couture)', 즉 고급 맞춤복으로 고객의 취향과 체형에 맞게 제작해주는 방식이었다. 정교한 기술을 가진 장인이 한 명의 고객을 위해 오랜 시간을 들여 제작하는 제품은 그만큼 '고급'의, '럭셔리'의 가치를 지녔다.

장인의 손길을 거쳤다는 사실은 제품의 높은 품질을 증명하고, 희소성을 가리키며, 오랜 시간의 정성과 진정성까지 함축한다. 즉, 장인 정신은 '럭셔리'의 기본적인 정체성을 형성하는 중요한 조건인 것이다. "장인이 한 땀 한 땀" 만들었다며 옷의 가치를 주장하는 옛날 드라마의 대사는 장인 정신이 '럭셔리'를 증명하는 중요한 방법임을 보여준다.

장인 정신은 현대에도 럭셔리 패션 브랜드의 핵심적인 가치다. 럭셔리 패션 브랜드는 장인 관리에 힘을 쏟는다. LVMH는 '메티에르 덱실랑스 교육기관(Institute of métiers d'excellence LVMH)'을 운영하며 장인을 양성하고 훈련하는 데 힘을 쓰고 있으며,[165] 샤넬은 니트웨어, 자수 장식, 주름 장식, 금 세공 등 다양한 분야의 공방과 파트너십을 맺으며 장인 관리 시스템을 구축하고 있다. 특히 샤넬은 2022년 1월 'Le 19 M'이라는 공방 복합 공간을 오픈하며, 600명의 장인들이 작품을 제작하고 전시하는 커뮤니티 공간을 마련했다.[166] 이처럼 럭셔리 패션 브랜드는 장인과의 더 효과적인 협업을 위해 고민하고, 장인의 후대 양성을 위해 노력한다. 럭셔리 패션의 브랜드 가치는 장인정신과 단단히 결탁되어 있다. 현대 패션에서 장인은 제품의 가치를 높이는 핵심 요인으로, 그 실력과 영향력, 중요성을 인정받는다.

반면 비서구 국가의 장인은 어떨까? 우리나라를 생각해보자. 한복뿐만 아니라 염색, 누비, 자수, 매듭, 모시짜기, 명주짜기 등 다양한 분야에 장인이 있다. 하지만 우리나라의 전통 장인은 문화유산이라는 고증적 가치만 인정받아 왔고, 서구 패션의 장인들처럼 경제적 가치를 인정받기 힘들다. 수요도 적고, 후대 양성도 어려운 경우가 많아 사라질 위기에 처한 전통 공예가 많다.

같은 장인인데, 왜 다를까? 서구의 장인 못지않게 오랜 시간 연마한 기술과 정성을 갖추었고, 역사적인 가치로 따지자면 더 유구한 전통일 수도 있는데. 답은 간단하다. 전 세계의 패션 산업이 서구를 기반으로 하는 만큼 장인 문화 역시 서구 중심으로 구성되어 있는 것이다. 많은 비서구 국가가 현대화를 겪으며 서구화되었고, 복식 문화 역시 서구 기반으로 새롭게 형성되었다. 패션 산업에서 장인이란 테일러링, 구두 등 서구의 방식으로 패션 제품을 제작하는 사람들일 뿐이다. 패션 산업에서 비서구 국가의 전통 문화는 수요가 없다. 정확히 말하자면, 재료로서의 수요는 있지만, 그 자체가 패션으로서 소비되지는 않는다. 비서구 국가의 장인 문화는 소외되는 동시에 서구 패션 브랜드의 영감으로서 활용된다. 앞에서도 살펴보았지만 2016년 샤넬 크루즈 컬렉션은 우리나라 전통 문화가 주제였다. 한복뿐만 아니라 배씨댕기, 조각보, 나전칠기 등의 전통 공예 요소도 포함되었다. 즉 우리나라의 전통은 샤넬을 거쳐 패션이 되었다. 정확히 말하자면 샤넬의 컬렉션이 한복과 관련된 유행을 확산하지 못했기 때문에 '패션'이 되었다고는 볼 수 없지만, 럭셔리 패션의 컬렉션은 패션 트렌드를 선도하는 위치에 있으므로 권위적인 의미에서 패션으로서 인정받았다고 볼 수 있다. 즉 비서구 전통은 서구의 패션 시스템을 거쳐야만 패션이 될 수 있다. 우리 문화를 '새롭게' 여길 해외의 시선 속에서만 패션이 될 수 있는 것이다. 패션 시스템에 내재한 서구 중심의 권력은 견고하다. 서구 복식이 형태 면에서도 지배적일 뿐만 아니라, 무엇이 패션이 될 수 있는지, 누가 인정받는 디자이너가 될 수 있는지 결정하는 시스템이 서구에 위치한다. 유명한 패션 브랜드에서 비서구 문화를 차용했을 때 비서구 문화가 '비로소' 가시성을 얻을 수 있으므로, 문화 전유를 옹호하는 의견은 서구 중심의 수직적 구조를 간과한다. 서구의 렌즈를 통과해야만 확산될 수 있다면, 그것으로 비서구 문화권에서는 만족해야 하는가?

그렇다면 우리나라에서는 어떤 움직임을 보일까. 종종 서울을 5대 패션 도시로, 서울 패션 위크를 5대 패션 위크로 만들자는 의제를 발견하는데, 이는 서구 중심의 패션 시스템 속으로 진입하거나 혹은, 그 위계질서에서 벗어나 우리만의 영향력을 구축하고 싶어 하는 욕구를 보여준다. 과연 우리는 스스로 패션이 될 수 있을까? 패션계에서 서구의 장인과 비서구 장인의 차이를 없애고자 한다면, 비서구 장인 역시 패션 산업의 적극적인 참여자가 되어야 한다. 우리나라 패션 브랜드, 디자이너가 적극적으로 전통 복식, 전통 공예를 활용했을 때 가능한 일이다. 현대 패션과 전통 복식 및 공예 사이에 연결고리가 있어야 한다. 그런데 우리나라는 고유한 패션, 또는 복식 스타일을 현대적으로 내세울 수 있는가? 우리나라의 여러 직물공예 장인이 우리나라의 패션 산업에서 참여적인 주체로 등장할 수 있을까?

전통은 지켜야 하는가
이어야 하는가

최근 국악 동호회 활동을 위해 신한복을 찾아볼 일이 있었다. 국악을 연주하므로 전통 복식의 특징이 드러나되, 사극에 등장하는 사람처럼은 보이지 않도록 현대화된 모습이어야 했다. 오랜 시간 공들여 조사했으나, 선택지는 많지 않았다. 깃과 고름을 단 저고리가 전부였는데, 그마저도 목이나 어깨의 실루엣이 한복처럼 자연스러운 주름을 만들어내는 것이 아니라 서양복의 셔츠처럼 각지게 떨어지는 제품이 많았다. 현대인처럼은 보이지만 도무지 '한복'의 느낌을 발견할 수 없어 선택에 어려움을 겪었다.

이것이 한복의 현실이다. 물론 한복 업계에 종사하는 많은 분이 고군분투하고 있겠지만, 한복의 현대화란 몇 가지 정해진 방식으로만 이루어진 듯하다. 개량한복이거나, 깃과 고름을 단 저고리이거나, 철릭 원피스이거나. 씁쓸하지만 수요의 문제도 있을 것이다. 나도 국악이라는 특수한 맥락이 있어야 현대화된 한복을 찾았으니, 한복이 일상에서 소외되는 게 부자연스러운 일도 아니다.

한복은 이제 일상복의 개념보다는, 특별한 일이 있을 때 예복으로서 기능한다. 그런데 한복이 박물관에 보관되는 옛 복식에 한정되거나, 명절이나 결혼식 때 입는 예복으로서 이어지면 충분할까? 우리가 한복을 대하는 태도는 한복뿐만이 아니라 우리의 전통예술 전반을 바라보는 시각까지도 이어진다. 우리에게 전통은 일상과 동떨어진 '이벤트'다. 국악기 체험은 하러 가도, 이어폰으로 국악을 들어볼 생각은 하지 않듯이. 전통은 즐기기 위한 대상으로 수용되지 않으며, 일상적으로 향유할 만한 예술적 대상이 아니다. 국악은 재미없고 한복은 불편하지 않은가. 우리에게 전통이란 그저 고증만이 중요한 가치이며, 이것은 지루하다는 감상과 결부된다.

그러나 전통은 지켜야 하는가 이어야 하는가? 있는 그대로의 모습을 복원하고 보관하는 것도 중요하지만, 박제한 것마냥 한 치의 변화도 허용하지 않고 보호해야 하는 것은 아니다. 전통은 이어가야 하는 것이다. 아니, 보존하기 위한 전통과 변화하기 위한 전통을 구분해야 한다. 흐르지 않으면 썩는다. 우리는 어떻게 더 많은 현대인들이 전통을 향유할 수 있을지, 그 현대화와 대중화 방안에 대해 고민해야 한다. 이것은 전통예술을 전수하는 사람들만의 과제가 아니며, 한국인이라는 정체성을 공유하는 사람 모두가 기억하고 고민해보아야 하는 문제다.

그렇다면 전통은 어떻게 이어야 할까. 전통의 해석에는 보통 '정통성'의 문제가 뒤따른다. 2022년 8월, 청와대가 논란에 휩싸였다. 청와대라는 역사적인 장소에서 패션화보 촬영이 이루어졌던 것이다. 이 논란이 커진 것은 청와대 개방이라는 정치적인 문제가 연관되어 있어서였지만, 패션 화보 자체의 문제도 있었다. 한복과 거리가 멀어 보이는 작품이 있다는 점과 심지어 일본 디자이너 류노스케 오카자키의 작품이 포함되었다는 점 때문에 지탄을 받았다.[167] 문화재청의 발표에 따르면, 한복에 현대적인 해석을 가미한 작품을 선보임으로써 한복의 홍보 효과를 의도했다고 한다. 한복의 새로운 디자인을 시도하는 것은 좋은 접근이나, 논란의 중심은 소개된 작품들이 보여주는 '한복에 대한 정통성'이었다. "이게 한복이 맞냐"는 질문들이 곳곳에서 떠올랐다.

이 논란에서 주목해야 할 것은 장소에 비해 작품의 품격이 떨어진다는 점이 아니라, 이 촬영을 기획하는 단계에서 한복에 대한 고민이 미흡해 보인다는 점이다. 한복의 어떤 가치를 보여주어야 할 것인지, 한복의 어떤 본질적인 특성에 집중해야 하는지, 우리가 한복을 어떻게 이어야 하는지, 어떤 아름다움을 구성해야 하는지. 한복의 현대적인 해석을 보여주기 위해서는 이에 대한 답변이 작품에서 드러나야 했다. 그저 작품의 외관이 주는 '한복다운 느낌'을 추구하며 화보를 구성했기 때문에 한복 작품의 정통성이 논란이 되는 것이 아닐까? 과연 한복의 아름다움은 어디에 있고, 우리는 어떤 가치를 이어야 할까?

퓨전 한복의 문제도 있다. 최응천 국가유산청장은 고궁 주변의 퓨전 한복을 비판하며, 한복의 개념을 바로잡아야 한다고 강조했다.[168] 현재 관광객들이 거리에서 입는 퓨전 한복은 전통 한복의 고유한 구조, 형태, 관례와 맞지 않다는 것이 이유다. 옳은 지적이다. 화려한 패턴, 레이스, 금박, 반짝이로 잔뜩 꾸며진 퓨전 한복의 모습은 분명 우리가 아는 단아한 한복의 모습과는 거리가 있다. 페티코트를 넣어 부자연스럽게 부풀린 치마, 단단하고 입체적인 형태로 잡힌 어깨선도 마찬가지다. 자연스러운 주름과 곡선이 나타나는 한복의 모습은 찾아볼 수 없다. 외국인이 퓨전 한복을 보고 우리의 전통 복식이라고 오해할까 우려될 정도다. 이는 외국인 관광객을 겨냥한 결과다. 외국인 관광객의 눈길을 쉽게 끌 만한 적당히 이국적인 이미지를 표현했다. 역사 문화적 맥락이나 관례는 고려하지 않고, 부분만 뜯어 오거나 마구잡이로 조합하는 등 존중이 결여된 방식도 나타난다. 여기엔 우리나라에서 멋과 아름다움을 어떻게 해석해왔는지, 한복에 담긴 미적 관념이나 가치관에 대한 고민이 없다.

그러나 한편으로는, 퓨전 한복을 통해 일상에서 한복이 등장하는 것 그 자체로 유의미할 수 있다. 한복은 이제 명절이나 결혼식 등 특별한 때에 드물게 입기 때문이다. 최근에는 결혼식에서도 한복을 입지 않는 경우가 늘었다. 결혼식조차 제외하면 우리는 언제 한복을 입을까? 국가유산청장은 퓨전 한복에 대해 아무런 조치도 취하지 않는다면 한복이 사라질 것이라 우려했는데, 전통 한복에 대해 어떤 재해석도 시도하지 않는 것 역시 한복의 사장(死藏)으로 이어질 것이다.

국가유산청장의 '바로잡는다'는 말은 한복에 정통적인 기준이 있음을 의미한다. 그렇다면 '진짜' 한복이 무엇인지 따지며, 다양한 시도를 제한하는 것은 옳은 방향인가? 전통은 고스란히 보존해야만 하는 옛것이고, 재해석이 불가한 대상인가? 하지만 가볍고 무분별한 해석으로 현대화되는 것은 괜찮은가? 청와대 화보의 사례와 퓨전 한복의 사례는 양가적인 시선이 한복을 팽팽하게 둘러싸고 있음을 보여준다. 한복의 원본, 즉 오리지널리티를 경시한 해석이 나타나지 않도록 한복의 정통성을 논하는 일은 중요하나, 이는 결국 지나친 통제로 이어질 수 있다는 것이다. 두 가지 입장이 충돌하는 상황에서 우리가 던질 수 있는 질문은 이것이다. 그렇다면 어떻게 한복을 '잘' 해석할 수 있을까?

이 질문을 고민해보기 위해 일본의 사례를 살펴보고자 한다. 일본은 아시아 국가로서 우리와 비슷한 위계질서 속에 있다. 서구 중심의 복식 체계에서 일본은 자국의 전통 복식을 어떻게 바라보았을까? 전 세계적으로 알려진 일본의 패션 디자이너는 전통 복식에 어떻게 접근하고 어떤 해석을 도출했을까? 이세이 미야케, 요지 야마모토 두 디자이너가 주목한 일본 전통 복식의 특성을 살펴보자.

이세이 미야케는 평면으로 옷을 만드는 전통 복식의 특징에 주목했고, 전통 수공예인 종이접기에서 착안한 주름(pleats)과 접목하여 디자인을 전개했다. 이세이 미야케는 천을 평면적으로 구성하는 동양의 방식에 따라 천을 몸에 두르고 접고 흐르도록 디자인하기도 한다. 이세이 미야케의 컬렉션은 몸의 형태와 움직임에 따라 옷의 모양도 함께 움직이며 독특한 실루엣을 만들어낸다. 2024년에는 'Enclothe' 시리즈를 선보였는데, 여러 구멍이 뚫린 비정형적인 모양의 천을 착용자가 자유자재로 몸에 걸쳐 독특한 실루엣을 만들어낸다.[169] **이세이 미야케는 모델이 여러 방식으로 옷을 입는 영상을 공식 인스타그램에 올리기도 하였다.** 서구 복식을 떠올려보면 특정한 몸의 모양에 옷이 정형적으로 맞추어져 있고, 그 형태에 몸을 맞춘다. 코르셋이 대표적인 사례이며, 일반적인 복식에서도 보통 표준적인 몸의 형태를 따른다. 그러나 동양의 복식은 납작한 천을 몸에 걸치는 방식으로, 옷이 몸에 맞춘다. 이세이 미야케의 새로운 디자인은 일본 전통 복식의 원리와 형태에 주목하였기에 가능했을 것이다. 더불어 이세이 미야케는 꾸준한 연구와 조사를 바탕으로 전통적인 제조 기법을 되살리기 위해 노력한다. 이세이 미야케의 상징과도 같은 주름은 일본의 전통 종이접기 오리가미에서 영감을 얻었고, 이외에도 일본의 전통 자수 기법 사시코(sashiko)[170]나, 전통 종이 와시(washi)[171]의 제작법을 연구하는 등 고유한 문화적 요소를 열심히 발굴해낸다.

요지 야마모토는 대칭, 균형, 정형성이 중시되는 서양 복식의 원칙적인 구조를 거부했다. 두르기, 걸치기, 메기 등의 전통적인 착장방법을 통해 비대칭적이고 비구조적인 형태를 만들었다.[172] 이러한 방식은 입체적이고 대칭적인 서구의 복식과 완전히 다른 실루엣을 나타냈다. 요지 야마모토는 전통 방식에 기반한 다양한 실험적 시도를 통해 서구 복식의 틀을 깼다는 평가를 받는다.

두 디자이너들의 공통점은 서양 복식의 관습적인 규칙에 도전했다는 것과, 이를 위해 일본의 전통 복식을 재해석하여 새로운 아이디어를 창조했다는 것이다. 이들은 전통예술의 시각적인 재현에만 초점을 두지 않았고, 전통 복식에 담긴 몸과 옷에 대한 가치관을 현대복식에 투영했다. 비서구 복식의 구조 자체에 집중하며 그에 담긴 미학, 정신, 규칙을 살폈다.

국내에도 한복의 외적인 아름다움을 차용한 디자인은 많다. 전통 소재의 특성을 살리거나, 단청과 같은 전통 무늬를 현대적으로 세련되게 풀어낸 브랜드들도 있다. 하지만 과연 이것으로 한복의 다양한 현대적 가능성을 보여주기에 충분하다고 말할 수 있을까? 우리의 전통은 활발히 재해석되고 있는가? 한복에도 전통적으로 몸을 바라보는 시각, 몸과 의복의 관계에 대한 정의, 세상과 만나는 방식이 녹아 있다.[173] 한국 전통 복식이 그 자체로 가진 독자적인 아름다움은 어떻게 기억되고 계승되고 재해석될 수 있을까?

일본 디자이너의 방식이 정답이라고 말할 수는 없다. 이 디자이너들 역시 프랑스 파리의 패션계에 진입하고 나서야 디자이너로서의 명성을 얻었다. 서구의 시각에 호소해야만 '패션'이 될 수 있는 구조적 한계 속에서는 서구의 관점을 무시하기 어려울 것이다. 또 일본의 디자이너가 세계적인 주목을 받을 수 있었던 것은, 동아시아 3국 중 먼저 경제성장을 이뤄 문화 홍보의 시점을 선점했기 때문이라고 말할 수도 있다. '평면구성'은 동양 국가가 공유하는 복식 구조인데, 이를 가장 먼저 제시했기 때문에 서구인들이 보기에 굉장히 이색적이고 창의적인 디자인인 것처럼 보였을 수도 있다는 것이다.

다만 눈여겨보고 싶은 것은 일본의 디자이너들이 주목한 일본 복식의 전통적 가치는 외적인 요소뿐만 아니라, 그 안에 담긴 가치관과 사고방식이라는 점이다. 일본 전통복식의 특성을 파고들어서 창의적인 접근방식으로 현대복식과 절충된 지점을 만들었고, 더 나아가 기존의 서양 복식이 가진 한계를 탈피하고 현대패션의 새로운 영역을 개척했다. 시각적 요소만 차용하는 것은 해외의 디자이너도 쉽게 할 수 있으므로, 자국의 디자이너가 발견할 수 있는 고유한 역사적 가치에 주목하는 것이다. 브랜드 이세이 미야케가 일본의 갖가지 전통 기술을 복구하는 모습은 일견 부럽기까지 하다. 우리나라에서도 한원물산이라는 기업에서 한지로 가죽을 만들었다던데,[174] 우리나라 패션 디자이너가 이러한 사례를 적극적으로 선도하고 발굴하고 활용하고 해석해주길 기대한다.

보통 국가적 · 민족적 전통문화는 아리랑처럼 사람들의 정체성과 연결되는데, 한복엔 그 연결이 끊어져 있다. 한복은 우리를 대변하지 못하고, 우리에겐 한복에 대한 고민과 관심이 부족하다. 우리는 한복의 무엇을, 어떻게 이어야 할까? 전통은 우리에게 어떤 의미고, 어떻게 즐기고 이어갈 수 있을까? 우리나라에서는 대부분의 전통이 과거의 유물로서만 존재하고 있다. 고유한 정체성을 내세울 수 없다면 우린 능동적인 주체로 존재할 수 없을 것이다. 단순히 영감의 대상으로만 여겨지지 않기 위해서는 충분한 이해를 바탕으로 해석해야 한다.

패션 학교에서는 무엇을 배우는가

우리가 한복을 활발하게 재해석하지 못하는 것에는 교육의 한계도 있다. 우리나라 패션 교육은 서구 복식에 기반을 두고 있기 때문이다. 옷을 만드는 작업은 '의복 구성'이라 칭한다. 패션 디자인 교육 과정은 필수적으로 구성 수업을 포함한다. 의복의 구조를 이해하고 제작에 능숙해져야 디자인도 가능하기 때문이다. 구성 수업에서 학생들은 정해진 방식으로 옷본을 그리며 정형화된 옷을 만든다. 이때 옷본은 셔츠, 바지, 치마 등의 서구 복식이다. 어쩌면 당연한 일이다. 대학의 교육은 산업에서 종사할 인력을 배출하는 데 초점이 있으므로, 서구 복식 중심으로 흘러가는 패션 비즈니스에 맞춰 구성된다. 해외 럭셔리 패션 디자이너의 컬렉션을 보며 디자인을 배우는 것 또한 럭셔리 패션 브랜드가 산업의 트렌드를 선도하기 때문이라고 볼 수 있다.

여기서 두 가지 한계가 있다. 첫째는 전통 복식의 구성을 배우지 않으면, 전통 복식의 디자인도 어렵다는 점이다. 전통 옷본을 통해 구조를 배우고, 이리저리 옷본을 변형해가며 새로운 형태를 탐구해가는 과정이 부재한다는 뜻이다. 서구 중심의 환경에서는 비서구 전통 복식에 대한 구성 교육, 이를 통한 창의적인 디자인 경험, 전통적인 사고방식을 체화해보는 경험이 결여된다.[175] 이러한 환경에서는 전통 복식을 적극적으로 활용할 만한 디자이너가 탄생하기 쉽지 않다.

두 번째 문제는 전 세계 패션 시스템을 바라보는 객관적인 시각을 기르기 힘들다는 점이다. 왜 서구 복식의 형태를 배우는지, 이는 글로벌 위계질서와 어떤 관련이 있는지 비판적으로 상황을 살펴볼 기회가 부족하다. 나도 대학원 공부를 시작하고 나서야 패션 시스템에 내재하는 서구 중심의 위계질서를 이해하기 시작했다. 학부 과정에서 패션 디자인을 공부할 때에는 기존의 방식을 그대로 배웠고, 그에 대한 문제의식도 기르지 못했다. 비서구 국가로서 우리나라의 문화적 정체성을 고민할 필요성 또한 배우지 못했다. 이러한 상황은 전통 복식의 교육 현황에서도 드러난다.

현재 서울의 4년제 대학 중 한국 복식사 전문 교수가 재직하는 대학은 세 군데에 불과하다.[176] 전통 복식 담당 교수가 은퇴한 이후 후임자를 고용하지 않는 경우도 있다. 이유는 분명하다. 학생들의 관심이 떨어지고, 취업률도 저조하기 때문이다.

내가 학부 수업을 들을 때에도 한국 복식사, 한복 제작 등의 수업은 비인기 수업이었다. 국내 패션 교육 시스템에서 국내 고유의 패션 문화는 외면받고 있다.

덴마크의 민족학 교수 마리 리겔스 멜키오르(Marie Riegels Melchior)는 이미 2012년에 덴마크 패션에 대해 비슷한 문제를 제기했다. 덴마크 패션은 역사적 맥락, 디자인 방법, 문화적 가치 등 여러 측면에서 뚜렷하게 정의하기 어렵고 특색이 없다는 지적이다.[177] 덴마크만의 문화적 특수성이 실체화되지 않는 것이다. 멜키오르는 그 이유를 두 가지로 설명하는데, 우리나라의 상황과 맞닿는 지점이 많다.

첫 번째 이유는 과거와 현재를 분리하는 인식이다. 역사와 전통, 문화유산은 과거에 고정된 것이고, 패션은 현재에 흐르는 것으로 구분하기 때문에 전통 복식과 현대 패션을 서로 연결하지 못하는 것이다. 이는 한복이 예복에 그치는 우리나라의 상황과 비슷하다. 과거의 복식을 재현할 때에만 활용되는 것이다. 한복을 현대적 일상에 맞춰 개량하려는 시도도 적고, 직접 입으려는 사람도 적다. 덴마크와는 역사적 맥락이 다르지만, 전통 복식을 '옛것'으로 치부하는 인식에는 공통점이 있다.

두 번째 이유는 패션 산업 내부의 부족한 토론 문화다. 디자인 가치와 문화적 요소 등을 함께 논의하는 시간이 없다는 것이다. 우리나라에서는 K-패션의 문화적 정체성에 대해 얼마나 열띤 논의가 이루어지고 있는가? 이는 한복의 현대적인 디자인이 다양하지 않은 현재 상황과도 일맥상통한다.

멜키오르 역시 덴마크의 전통 복식에 대한 교육 시스템이 부족하다는 사실을 지적한다. 우리나라의 상황과 다르지 않다. 문화적 정체성을 구체화하기 위해서는 전통 복식을 탐구하는 과정이 필수적이다. 현대적 관점에서 전통 복식을 탐구하고 해석하고자 하는 논의가 이루어져야 한다. 한복이 곧 K-패션임을 말하는 것이 아니다. 서구 문물 위에 세워진 현대 시대와 그 전부터 이어져왔던 전통 문화 사이의 간극을 채우기 위해, 전통 문화를 지속적으로 조명할 필요가 있다는 뜻이다. 우리나라의 패션 교육 시스템에서 이러한 고민을 활성화시킬 수 있을까?

서구 중심의 시스템을 비판 없이 수용하는 교육 환경과 전통 복식 문화를 충분히 배우지 못하는 교육 환경은 서로 연결된다. K-패션의 모호함은 이러한 교육 환경에 기인한다. 교육의 한계가 산업의 한계로 이어지는 것이다. K-패션이라는 용어는 글로벌 맥락에서 존재하는데, 뿌리가 얄팍하다면 가지는 얼마나 멀리 뻗을 수 있을까? 거꾸로 묻고 싶다. 우리나라의 국제적 위치, 세계 구조의 역사적 맥락에 대한 이해와 더불어 전통 복식 문화에 대한 이해가 어우러진다면 어떤 디자인이 나올 수 있을까?

덕수궁 국립현대미술관에서 열린 〈근현대 자수〉 전시의 말미에는 이런 문구가 적혀 있었다.

"…세월이 흐르고 흘러, 전통이 성숙하여 쇠퇴하니, 웅변인 듯하다."_에밀리 디킨슨

전통의 흐름은 웅변과도 같이 강렬한 외침이다. 우리는 전통을 잊어가고 있고 곧잘 외면하지만, 쳐다보아야 한다. 우리의 존재를 웅변하기 위해서는 뿌리를 기억하고 정체성을 계발해야 한다. '전통'이란 우리만의 색을 찾을 수 있는 문화예술의 원천이다. 전통을 이어가기 위해, 조금 더 일상적으로 즐길 수 있기 위해, 전통에 생명력을 불어넣는 과정이 필요하다. 한국의 고유한 전통을 적극적으로 이어가기 위해서는 전통적 가치를 현대의 방식과 접목시키는 방법을 고민하고, 나아가 기존의 현대적인 방식까지도 뒤집는 새로운 방향성을 제시해야 한다. 너무 고루하지 않으면서, 너무 낯설지도 않은 지점을 찾는 것은 쉽지 않은 일이겠지만 끊임없는 실패와 수용의 과정을 통해 이 시대의 우리가 잇는 전통의 모습을 그릴 수 있을 것이라 믿는다. 그리고 그에 앞서, 한복 그리고 전통예술에 대해 우리 모두가 관심 있게 지켜보는 것이 가장 중요하다.

2장
지속가능성의 시대, 패션이 던지는 질문

2장

지속가능성의 시대, 패션이 던지는 질문

빙하가 녹고, 사하라 사막에 홍수가 나는 등[178] 기후는 예측할 수 없이 변화하고 있다. 나무도 죽고, 산호도 죽고, 무수했던 생명체는 빠르게 사라지고 있다. 지속가능성은 21세기 가장 중요한 화두 중 하나다. 패션도 피해 갈 수 없다. 아니, 패션은 이 주제에 필수적으로 응답해야 하는 주체다. 패션 산업은 구조적으로 지속가능하지 않으며, 사람과 환경에 유해한 영향을 미치는 방식으로 가동되기 때문이다. 패션 산업이 사람과 환경에 부정적인 영향을 끼친다는 이야기를 여러 뉴스로 접해본 사람이 많을 것이다. 이미 여러 통계와 함께 패션 산업의 수많은 '악행'이 발표되었다.* 따라서 여기서는 간단히 언급하고자 한다.

대신 이 책에서 주목하고자 한 것은 환경 문제의 사회적 측면이다. 환경 문제를 사회적 관점에서 살펴보겠다는 것이다. 사회와 환경은 명확히 구분되는 개념인 것처럼 늘 병렬적으로 호명되지만, 이 둘의 구분은 무의미하다. 환경으로 일컬어지는

* 패션 산업이 환경에 미치는 영향은 너무나 방대하여 이 책에서 다루지 못한 환경 의제들도 많다. 물 사용량 문제, 염료나 가공약품의 유해화학물질 등 패션 산업은 다양한 방식으로 환경에 해롭다.

자연은 인간의 터전으로, 의식주를 비롯한 생활의 기반이다. 인간이 없어도 존재할 지구가 아니라 인간의 지구를 의미한다. 말하자면 사회적 환경이랄까. 우리가 자연을 이용하고 폐기물을 배출하는 과정에서 나타나는 생태학적 문제는 모두 사회적 판단과 행위의 결과다. 반대로 인간 사회의 충돌과 갈등도 환경과 기후의 변화로 인한 경우가 많았다. 예를 들어 21세기 최초의 제노사이드로 악명 높은 아프리카 수단의 다르푸르 학살은 기후변화로 물과 목초지 확보가 어려워지자 부족 간의 갈등이 심화된 결과다.[179]

더불어 지속가능성이라는 논제는 환경 문제뿐만 아니라 사회, 인권 문제 역시 중요한 범주로 다룬다. 앞에서도 살펴보았지만 패션 산업이 가지는 차별과 배제의 문제는 사회에서 나타나는 같은 문제와 닮아 있다. 패션은 사회의 거울 역할을 하며, 현대 사회가 직면한 인류학적·생태학적 위기를 그대로 반영한다. 그 모습은 비단 패션 산업만의 문제가 아닌, 전 세계가 마주한 문제와 연결된다. 패션, 그리고 패션 산업의 환경 문제는 필연적으로 우리의 사고 방식, 사회 구조를 되돌아보게 만든다. 그렇기에 사회와 생태계 사이의 관계를 살펴보지 않으면, 환경적 영향을 감축하기 위한 기술적 노력도 무용할 것이다.

패션 시스템의 파괴적인 특성은 패션 산업을 본질적으로 구성하는 과잉, 인간중심주의, 제국주의와 식민주의, 자본주의에 기반한다.* 이 요소들은 정확히 말하면 패션 산업이 일으키는 오염과 착취의 근본적인 원인인 동시에 해결을 방해하는 주요한 요인이다. 각각의 요소는 패션 산업을 구성하고 있는 법칙과도 같아서 문제에 대한 대안이 등장해도 구조적으로 한계를 갖는다.

먼저 과잉은 패션 산업이 자본을 확보하는 공식적인 법칙과도 같다. 의류 제품을 많이 생산하고 많이 소비할수록 패션 산업이 성장한다. 그 수요를 이용해 자본을 확보하고자 하는 열망에 트렌드를 좇고자 하는 열망이 더해지면서 패션 산업의 과잉된 배출을 이루어냈다. 뉴스에서 산더미같이 쌓인 의류 폐기물 사진을 본 적이 있을 것이다. 1초에 몇 톤씩 쏟아진다는 의류 폐기물 문제는 생산과 소비의 과잉으로 설명할 수 있다.

다음으로, 인간중심주의는 인간이 자연을 대하는 태도를 설명하며, 환경 문제의 근원이라고도 볼 수 있다. 우리가 마주한 문제는 자연의 제공을, 자연의 정화를 당연한 것으로 여겼기 때문에 발생한 것이다. 이 사고방식은 우리의 가장 깊은 기저에 깔려 모든 행동에 영향을 미친다. 인간과 비인간을 구분하고 인간의 삶을 위해 비인간 자연을 이용하는 시각과 행동들이다. 우리는 스스로 자연의 일부라고 생각하지 못한다. 자연과

* 과잉은 패션 산업이 환경에 미치는 부정적 영향의 주요 원인이므로 꼽았고 나머지 제국주의, 자본주의, 인간중심주의를 주요 문제점으로 꼽은 것은 Majdouline Elhichou의 논문 "A new luxury: Deconstructing fashion's colonial episteme"(2021)을 참고했다.

동일시하는 법을 모르기 때문에 우린 무엇을 잃었을까.

패션 산업이, 넓게는 인간 사회가 빼앗고 버리는 것을 당연하게 여기는 대상은 또 있다. 바로 비서구, 특히 제3세계 국가다. 세계화를 통해 패션 산업의 무대가 전 세계로 확대되면서 생산과 소비는 국가를 초월해 이루어지고, 주로 럭셔리 패션 브랜드가 이끄는 트렌드는 곧 글로벌 트렌드가 되었다. 이제 패션 산업의 부정적 영향은 초국가적 문제가 되었다. 전 세계의 깊은 곳까지 뻗친 공급망은 곳곳에 그늘을 드리웠고, 그 그늘 아래에서는 심각한 착취와 수탈, 오염이 이루어졌다. 누군가는 이용하고 누군가는 이용당하는 굴레가 견고하게 씌워져 있다. 이러한 패션의 글로벌 시스템은 필연적으로 제국주의와 식민주의, 자본주의와 연관된다. 서구 국가 중심의 위계질서와 자본가 중심의 화폐 흐름이 글로벌 시대를 구성하기 때문이다.

자본주의는 본질적으로 자본의 증식을 추구하는 체제이므로 그 밑에는 수탈과 착취가 존재한다. 타자를 규정하고 착취해야 효과적인 자본 축적이 가능하기 때문이다. 이 모습은 패션 산업에서는 생산과 소비의 과잉, 노동자의 착취, 빈부의 양극화, 자원의 수탈과 무분별한 폐기로 나타난다. 더불어 인종화된 노동, 젠더화된 노동까지 결부된다. 다만 이러한 내용은 다른 챕터에서 자세히 다루고 있으므로, 이번 장에서는 중요한 자본주의적 주체인 기업에 주목해 논의해보고자 한다. 기업은 무엇을 하고 있으며, 기업은 무엇을 해야 하는가?

패션이 보여주는 지속가능성의 한계는 사회의 구조적 문제와 맞닿아 있다. 생분해 가능한 섬유를 발명하고, 재활용 기술을 개발하고, 공급망을 관리하는 등의 기술적 노력도 중요하겠지만, 현재의 문제를 해소할 만큼의 충분한 개선이 가능할까? 우리가 지속가능성 문제에 어떻게 접근해야 하는지 사회적 관점에서 질문을 던져보고자 한다.

◇◇◇◇◇◇◇◇◇◇◇◇◇◇◇◇◇ 패션의 과잉 ◇◇◇◇◇◇◇◇◇◇◇◇◇◇◇◇◇

패션 산업이 일으키는 환경 문제의 주원인은 과잉에 있다. 지나치게 많이 생산하고 지나치게 많이 소비하기에 온실가스, 폐기물 등의 배출물이 지구에 과도하게 쌓인다. 패션 생산과 소비의 과잉을 보여주는 척도는 폐기물이다. 버려진 옷이 쌓여 거대한 산을 이루는 모습을 보여주는 뉴스는 이제 낯설지 않다.

패션 산업의 폐기물 문제를 논의할 때 꼭 언급되는 대상이 있다. 바로 패스트 패션이다. 패스트 패션은 빠르게 변화하는 패션 트렌드에 맞추어 짧은 주기로, 저렴하게, 대량으로 생산하는 패션 시스템을 의미한다. 제품 기획과 생산, 유통의 복잡한 과정을 단순화하고, 제품을 대량으로 취급함으로써 빠르고 저렴한 시스템을 구축했다. 이를 통해 기존에 계절마다 업데이트되던 신상품이 2주 정도의 짧은 주기로 훨씬 합리적인 가격에 출시되었다. 전 세계 소비자들은 열광했다. 빠르게 바뀌는 유행에 더욱 적극적으로 대응할 수 있게 되었고, 주머니 사정도 지킬 수 있게 되었다. 패스트 패션은 소비에 대한 현대인의 끊이지 않는 욕구를 깊이 충족했을 뿐만 아니라 더욱 심화시켰다. 결국 자라와 H&M으로 대표되는 패스트 패션 기업은 도시마다 커다란 매장을 하나씩 차지하며 우리의 일상 속으로 깊숙이 들어왔다.

패스트 패션은 저렴하기 때문에 옷을 사는 것도, 버리는 것도 쉬웠다. 패스트 패션이 등장한 이후, 우리는 쉽게 사고 쉽게 버리는 문화에 익숙해졌다. 저렴하기 때문에 품질도 뛰어나지 않아 한 철만 제대로 입을 수 있는 경우도 많다. 즉 패스트 패션은 지나친 소비 자체를 의미할 뿐만 아니라 의류 소비를 그만큼 쉽게 여기도록 조장한다는 문제가 있다.

실제로 패스트 패션이 등장한 이후 의류 및 섬유 폐기물의 양이 지속적으로 증가하는 추세다.[180] 환경부에 따르면 국내 의류 폐기물 양은 연간 8만 톤에 달하며, 생산과정에서 버려지는 폐섬유까지 합하면 37만 톤으로 늘어난다.[181] 전 세계로 확대하면 매년 9200만 톤의 의류 폐기물이 발생한다.[182] 1초에 트럭 한 대를 채울 만큼의 옷이 버려진다는 뜻이다. 세계경제포럼에 따르면, 매년 전 세계적으로 생산된 직물의 85%가 폐기된다고 한다.

패스트 패션 기업이 나타나 성장하기 시작한 2000년대 초반부터 2010년대 중반까지 패스트 패션 기업의 생산량은 2배 가까이 뛰었다.[183] 그러나 사람들이 옷 한 벌을 버릴 때까지 입는 횟수는 15년 동안 36% 감소했다.[184] 의류 및 직물의 생산량은 늘고, 사용량은 줄었다. 더 많은 옷들이 더 빨리 버려진다는 뜻이다. 더 많이, 더 빨리. 현대 사회의 생산과 소비를 설명하는 구호다.

그렇다면 패션 산업의 폐기물 문제에 대응하기 위한 방법은 무엇일까? 대표적으로 언급되는 방안은 업사이클링과 재활용, 재사용이나 수선, 그리고 패스트 패션의 생산과 소비를 줄이는 것이다. 그런데 이 방안들은 충분할까? 과열되는 소비를 식히기에 충분한 방안일까? 모든 방안은 시도와 실행 그 자체로 의미 있는 것이 맞지만, 이 챕터의 글들은 그에 안주할 수 없기에 지속적인 고민이 필요하다는 채찍질과도 같다. 본 장에서는 각각의 방안을 살펴보며 그 한계를 짚고 그다음의 논의가 어떤 방향을 향해야 하는지 이야기해보고자 한다.

재고의 처리는 가능한가

옷을 많이 생산하기 때문에 나타나는 대표적인 문제가 있다. 바로 재고의 문제다. 많은 패션 기업이 재고로 인해 골치를 앓고 있다. 새롭게 생산되는 의류 제품 중 팔리지 않고 재고로 쌓이는 비율은 20% 가까이 된다.[185] 특히 2020년대 초반에는 코로나19 팬데믹과 국제 정세, 경기 문제로 패션 기업의 생산량과 소비량이 크게 출렁거렸는데, 이것이 심각한 재고 문제를 낳았다. 팬데믹 이후 물리적 접촉은 제한되었지만 온라인 쇼핑이 더욱 활성화되고 일종의 보복 소비가 나타나면서 소비량이 크게 늘었다. 이에 반응해 패션 기업이 생산량을 늘렸지만 금리가 상승하면서 소비가 위축되자 많은 재고가 생겨버렸다. 그렇게 2023년 초, 글로벌 패션 기업은 역대 최다의 재고를 끌어안게 되었다.[186]

패션 기업이 특히 재고 문제에 민감한 이유는 두 가지다. 첫째, 패션의 유동적인 특징 때문에 다른 제품보다 재고 처리가 어렵기 때문이다. 트렌드는 빠르게 바뀌고, 계절이 달라져 바로 입을 수 없으니 빠르게 재고를 판매하지 않으면 시간이 지날수록 재고 처리가 어려워진다. 둘째, 재고 관리는 수익성과 직결되기 때문이다. 재고를 처리하기 위해 할인 판매를 지속할 경우 순이익의 확보가 어렵고, 재고 자산이 기업 가치에 영향을 미치기도 한다. 미국의 대형 유통사 타깃은 2022년 1분기 재고 자산이 43% 증가되었음을 발표한 지 하루 만에 주가가 25% 하락했다.[187] 더군다나 브랜드 가치를 고려하면 한정 없이 할인할 수도 없는 노릇이다. 특히 럭셔리 브랜드는 '럭셔리'의 지위를 유지하는 데 가격이 중요한 측면을 차지하므로 할인보다 재고의 소각을 선택하기도 했다. 이에 2018년에는 버버리가 대략 500억 원 상당의 트렌치코트 2만 벌을 소각하여 비난을 받은 바 있다. 최근에는 유럽연합에서 패션 제품의 재고 폐기를 금지하는 법안을 시행하여 더욱 재고 처리가 어려워질 듯하다.[188]

재고 문제에 대한 대안으로 제시되는 것 중 하나가 '빠른 대응(quick response)'이다. 잔뜩 생산해두고 팔리지 않아서 버리게 되는 일을 방지하기 위해 실제적인 수요에 대한 즉각적인 반응으로 옷을 만들어내는 생산 시스템이다. 신속한 생산 인프라를 바탕으로 품목별 판매상황에 따라 생산량을 조절하는 패스트 패션 브랜드의 시스템이 대표적이다. 패스트 패션 이외에도 아디다스, 자크뮈스 등의 패션 브랜드에서 활용하기도 한다. 패스트 패션 기업의 빠른 대응 시스템은 패스트 패션 기업이 질타받는 과잉 생산과 과잉 소비라는 문제에 대항하는 논리였다. 소비자의 반응에 맞춰 인기 있는 제품은 생산을 늘리고 잘 팔리지 않는 제품은 생산량을 줄이는 등 그때그때 생산량을 조절하기 때문에 공급과 수요를 맞춰 오히려 재고를 줄일 수 있다는 것이다. 워낙에 생산 프로세스가 빨라 생산뿐만 아니라 디자인에도 피드백이 반영되어서 합리적인 방법처럼 보인다.[189]

그러나 완제품 단계의 재고 및 폐기물 관리를 넘어 제품의 전 단계에서 미치는 환경적 영향을 고려해보면 이러한 방식은 오히려 더 많은 섬유와 직물 생산을 유도한다.[190] 즉각적이고 신속한 생산을 위해서는 섬유와 직물 등의 유연한 공급이 필요하다. 많은 재료를 미리 확보해두어야 빠른 대응이 가능한 것이다. 보통 재고 관리에 대한 논의는 완제품 중심으로 이루어지는데, 섬유와 직물 단계까지 포함한다면 완제품을 위한 '빠른 대응'은 오히려 섬유 및 직물의 재고를 더 많이 남기는 방식이다. 결과적으로는 환경적 부담을 더 일으킨다. 그뿐만 아니라 제품 생산 단계의 초반을 담당하는 원재료 업체들이 주로 개발도상국에 위치한다는 것을 고려하면, 오히려 빠른 대응을 통한 대안은 개발도상국에 부여된 생산의 부담과 환경적 부담을 더 늘리고, 선진국의 재고 문제만 해결하는 방안임을 알 수 있다.[191] (이미 개발도상국은 생산 과정에서 나타나는 환경 오염과 불균형한 산업 구조의 악영향을 감당하고 있다.)

수요에 민첩하게 반응하는 시스템은 완제품의 재고 관리에는 효과적일지 몰라도 전반적인 자원의 사용을 줄이지는 못한다. 이는 곧 재고 관리의 효율을 높이는 것으로는 과잉 생산을 해결할 수 없음을 의미한다. 과잉의 문제는 과잉의 완화 또는 제동을 통해야만 해결 방안에 접근할 수 있을 것이다.

이처럼 대안적 방식의 한계를 지적하는 이유는 하나의 대안이 가져오는 희망에 매몰되지 않고 고민을 멈추지 않는 것이 중요하기 때문이다. 워싱은 하나의 대안이 제시되었다는 이유로 노력을 멈출 때 발생한다. 모든 대안에는 한계가 존재하고, 또는 한쪽 측면에서는 대안처럼 보이는 것이 다른 측면에서는 대안이 아닐 수 있다. 따라서 지속적인 고민과 탐구가 필요하다. 우리가 직면한 문제는 구조적이기에 그 위에 모든 개인과 공동체의 삶이 존재한다. 그만큼 하나의 대안으로는 변화할 수 없고, 무엇을 하든 송두리째 바꿀 수도 없다. 그래서 이러한 사회적 문제에 접근할 때면 '상상력'의 필요성을 많이 언급한다. 우리가 알았던 방식과는 전혀 다른 것들이 만들어져야 하기 때문이다. 마침 유럽연합의 새로운 법이 재고의 폐기를 금지하면서 패션 기업을 비롯한 여러 기업이 중요한 과제를 마주했다. 구체적인 상상력이 필요할 때다. 재고가 발생하지 않으려면, 이미 발생한 재고를 처리 또는 활용하기 위해서는 무엇이 필요할까.

업사이클링은 얼마나 효과적인가

업사이클링(upcycling)은 쏟아지는 의류 폐기물이나 잔뜩 쌓인 재고 문제에 대한 대안으로 언급되는 대표적인 방법이다. 업사이클링은 'up'과 'recycling'의 두 단어가 만나 만들어진 단어로, '재활용'이 아니라 제품의 가치를 새롭게 높이는 '새활용'이다. 재활용은 재료의 차원에서 다시 활용하는 것으로, 완제품을 원재료 단계로 되돌리는 작업이 필요하다. 페트병을 원사로 추출해 옷을 만드는 방법이 대표적이다. 반면 업사이클링은 리폼의 개념과 가깝다. 새로운 디자인, 다른 쓰임으로 쓰레기에 가치를 부여해 제품을 다시 탄생시키는 작업이다.

업사이클링은 많은 패션 브랜드에서 시도하는 지속가능한 대안이다. 알렉산더 맥퀸은 2020 SS 패션쇼에서 2016 SS, 2017-2018 FW, 2019-2020 SS 컬렉션의 레이스, 오간자, 자카드 등 여러 원단을 가져와 업사이클링하여 새로운 컬렉션을 구성했다.[192] 빅터앤롤프는 2016 FW, 2017 SS, 2017 FW, 2019 FW, 2020 SS, 2021 SS 등의 컬렉션에서 과거의 컬렉션뿐만 아니라 재고 직물, 빈티지 의류, 자투리 원단 등을 재사용하였고,[193] 메종 마르지엘라에서도 '레시클라(Recicla)'라는 재활용 라인을 런칭하여 빈티지 의류나 생산하고 남은 자투리 가죽, 재고 의류 등을 골라 새로운 디자인으로 변형한 컬렉션을 발표했다. 럭셔리 패션 브랜드 외에도 프라이탁과 같이 업사이클링으로 잘 알려진 패션 브랜드가 많다. 국내에서도 코오롱 인더스트리에서 운영하는 '래코드(RE;CODE)'라는 브랜드가 업사이클링으로 제작한 제품을 판매하고 있고, 헤지스나 휠라코리아 등의 브랜드에서도 업사이클링 프로젝트를 진행하고 있다.[194]

업사이클링은 의복의 재구성이기도 하지만 패션의 재구성이기도 하다. 단순히 옷을 만드는 것이 아니라, 트렌디하게 또는 개성 있게 옷을 입을 수 있는 가능성을 다시 부여하는 것이다. 업사이클링은 고쳐 입는 수선의 개념을 오트 쿠튀르의 정신과 연결한다.[195] 몸의 형태와 취향에 맞춰 옷을 제작한 방식처럼 유일무이하고 독창적인 옷이 탄생할 수 있다.

그렇다면 업사이클링은 지속가능성을 위해 얼마나 효과적인 대안일까? 우선 업사이클링은 시간이 많이 걸리고 수작업으로 이루어지는 경우가 많기 때문에, 매초 대량의 폐기물이 쏟아져나오는 패션 산업의 폐해에 대응할 만한 방법이 되지 못한다. 노동집약적임에도 품질과 내구성이 일관적이지 않기 때문에 규모를 확장하기 어렵다.[196] 노동 시간은 곧 비용과 연결되므로, 경제적 측면에서도 업사이클링은 현실성이 떨어지는 편이다. 제품 형태도 제한적이며, 예술적인 기교가 필요한 작업처럼 보여 다수에 대한 접근성을 높이는 데에도 어려움이 있다.

패션 브랜드에서는 업사이클링을 꺼리기도 한다. 특히 재고품을 업사이클링에 사용하는 경우를 반기지 않는데, 본 제품에 대한 수요를 저해할 수도 있고 예상치 못한 이미지를 형성할 수 있기 때문이다. 실제로 샤넬은 자사 제품을 활용하여 업사이클링하는 브랜드에게 소송을 걸기도 했다.[197] 정교하게 디자인을 설계하는 럭셔리 브랜드는 다른 업사이클링 제품으로 브랜드 이미지에 혼란이 생길 가능성을 방지하고 싶을 것이다. 이처럼 업사이클링은 재고를 줄이는 데 잠재적인 효과가 있음에도 패션 브랜드의 이해관계와도 맞물려 있기 때문에 한계가 있다. 또 앞에서 보았듯 빠른 생산 시스템이 결국 섬유와 직물 생산을 늘렸던 것처럼, 업사이클링 역시 새로운 섬유와 직물을 소비한다는 한계에서 자유롭지 않다.[198]

업사이클링이 쓸모없다고 말하려는 것이 아니다. 그저 충분한 대안이 아닐 뿐이다. 다만, 업사이클링에서 주목해야 할 메시지는 분명하다. 업사이클링은 옷을 바라보는 새로운 시각, 사고방식을 보여주며 중요한 가치를 일깨운다. 우리는 물건에 정을 주는 방법을 잃어버렸다. 쉽게 사고 쉽게 버리는 시대로 변화하면서 물건은 늘 대체가능한 대상이 되었다. 업사이클링은 인간이 필요로 하는 것, 물건의 가치와 의미, 새로운 가치를 부여하는 방식에 관해 질문하는 과정이다.[199]

업사이클링 제품이 특별해지는 건 '이야기'가 담기기 때문이다. 업사이클링 브랜드 래코드는 2023년 플래그십 스토어를 개장했는데, 그곳에서 래코드 산하의 또 다른 브랜드를 발견했다. 'MOL(Memory of Love)'이라는 이름의 브랜드로, 고객이 입던 옷을 가져오면 리디자인하여 새로운 제품으로 업사이클링하는 브랜드다. MOL에서 제작한 여러 제품을 둘러보니 옷걸이

마다 제품에 담긴 스토리가 함께 적혀 있었다. “할머니의 추억이 담긴 OLD CELINE 바지를 손녀의 첫 사회생활을 응원하는 세상에 하나뿐인 재킷으로 리디자인”하고, “할아버지의 캐시미어 니트 조각을 재조합하여 만든 귀여운 손녀의 첫 니트 카디건”이 걸려 있거나, “아버지가 젊은 시절 일하실 때 입으시던 재킷과 니트가 어느덧 훌쩍 자란 아들의 옷으로 재탄생”한 이야기가 있었다. 이 이야기를 통해 우리는 물건에 함께 담기는 시간과 기억을 알게 된다. 이 관점에서 물건은 더 이상 쉽게 사고 버리며 언제나 대체 가능한 공산품이 아니다.

넷플릭스 다큐멘터리 〈설레지 않으면 버려라〉에 등장하는 정리 전문가 ‘곤도 마리에’는 다음과 같이 말한다.

“정리를 통해 나 자신과 물건의 연결 고리를 굳건히 할 때마다, 우리는 스스로를 둘러싼 모든 것에 ‘연민’을 느끼게 된다. 그것은 우리가 본래 갖고 있는 물건을 소중히 하는 마음, 나와 물건이 서로를 지켜준다는 인식 때문일 것이다.”[200]

오랜 시간 물건을 소중하게 여기고 아끼는 경우가 드물다는 사실은 단순히 물건에 대한 태도에서 끝나지 않는다. 물건과의 관계는 나 자신, 주변 사람, 그리고 세상과의 관계로 확장될 수 있다. 물건을 쉽게 버리는 삶이 당연해진다면, 자원을 쉽게 쓰고 지구를 일회용처럼 취급하는 삶의 방식 또한 당연해진다.

업사이클링의 한계와 가능성을 고려해본다면 우리가 업사

이클링을 활용할 만한 맥락이 드러난다. 실질적인 문제 해결에는 미미한 영향을 미칠지 몰라도, 물건과의 관계에 대한 인식을 전환함으로써 라이프스타일 측면에서의 변화를 유도할 수도 있는 것이다. 과잉의 해결은 그 반대어, 축소로 가능할 것이다. 많이 생산하지 않고, 많이 소비하지 않는 것이다. 어쩌면 업사이클링은 물건을 오래 쓰도록 유도할 수 있으니 '과잉'의 적절한 대응방식이 될 수도 있겠다. 어쨌든 우리는 이러한 질문이 필요하다. 환경적인 대안은 얼마나 대안적인가? 그 대안은 어떤 맥락에서 효과적으로 활용될 수 있는가?

재활용 의류는 플라스틱 문제를 해결할 수 있는가

플라스틱은 인류의 획기적인 발명품에서 골칫거리로 전락했다. 썩지 않는 쓰레기, 토양 및 수질 오염, 미세플라스틱 등 여러 환경 문제가 줄줄이 따라온다. 패션 산업도 플라스틱의 그림자로부터 자유롭지 않다. 우린 모두 플라스틱을 입고 있기 때문이다. 흔히 볼 수 있는 폴리에스터, 나일론, 아크릴은 합성 섬유로, 모두 석유에서 추출된 고분자 화합물, 즉 플라스틱이다. 그중에서도 폴리에스터는 전 세계에서 생산되는 섬유의 반 이상을 차지할 정도로 많이 사용된다.[201] 합성 섬유의 생산 비중이 높다는 것은 무엇을 의미할까?

합성 섬유가 생산되기 전으로 거슬러 올라가 석유 추출 단계에서부터 살펴보자. 섬유 생산을 위해 사용되는 석유는 스페인이 1년 동안 사용하는 석유보다 많다.[202] 그만큼 섬유 산업은 석유에 대한 의존도가 큰데, 석유를 추출하고 섬유로 만드는 과정에서 많은 온실가스가 배출된다.[203] 패션 산업의 전체 밸류 체인에서 가장 온실가스 배출량이 높은 단계는 섬유 생산 단계인데, 이는 합성 섬유 생산에 많은 에너지가 사용되기 때문이다.*

다음으로 소비 및 사용 단계를 살펴보자. 우리가 옷을 구입하고 사용하기 위해서는 늘 세탁을 해야 한다. 세탁기에 넣어 옷을 세탁하면 작고 작은 실가닥들이 무수히 빠져나온다. 합성 섬유일 경우, 작은 실 한 가닥은 모두 플라스틱이다. 여기서 미세플라스틱의 문제가 나온다. 한 번의 세탁(약 6kg)으로 보통 70만 개의 미세플라스틱이 배출되며, 매년 바다로 흘러가는 플라스틱 중 20%가량이 미세플라스틱이라고 한다.[204] 미세플라스틱을 발생시키는 요인에는 단연코 합성 섬유가 가장 많은 비중을 차지한다. 미세플라스틱은 바다 여기저기로 확산되고, 육지에도 다다르며 전 세계에 퍼진다. 심지어 심해생물, 북극의 얼음, 빗방울에서도 미세플라스틱이 발견된다. 바다와 토양 곳곳에 미세플라스틱이 축적되고 세계의 다양한 생물들이 이를 먹으며 사람들의 몸에도 차곡차곡 쌓이고 있다. 우리가 매주

* 하지만 천연 섬유라고 해서 온실가스 배출로부터 자유로운 것은 아니다. 천연 섬유는 세척과 건조, 다림질 등의 과정에서 많은 에너지를 요구하기 때문이다. (K. Niinimaki, G. Peters, H. Dahlbo, P. Perry, T. Rissanen, & A. Gwilt), "The environmental price of fast fashion", *Nature Reviews Earth & Environment*, Vol.1, 2020, pp.189-200.)

신용카드 한 장 크기만큼의 미세플라스틱을 먹고 있다는 뉴스가 보도되기도 했다. 플라스틱은 제조 과정에서 각종 촉매제, 광택제, 내구성과 유연성을 높이기 위한 각종 화학첨가제, 산화방지제, 윤활유, 항산화제, 경화제, 난연제, 방부제, 가소제, 정전기 방지제 등등 수많은 화학물질들이 첨가되며 온갖 약품처리를 거친다. 더군다나 주변의 물질을 흡착하는 성질이 있어 강한 독성을 띨 가능성도 있다. 미세플라스틱은 인체와 환경에 지속적인 악영향을 끼치는 문제다.

이처럼 플라스틱 문제가 대두되면서 몇 년 전부터 재활용 섬유를 사용한 의류 제품이 출시됐다. 노스페이스, 블랙야크 등의 액티브웨어 브랜드부터 H&M, 자라 등의 패스트 패션 브랜드까지 재활용 섬유 제품을 내놓으면서 이제 '리사이클'은 익숙한 상품명이 되었다. 이 재활용 섬유는 보통 페트병을 재활용한 폴리에스터인데, 이 재활용 과정을 이해하려면 섬유의 종류와 제조과정을 이해해야 한다. 섬유는 크게 두 가지로 구분하는데 하나는 면화, 양모 등의 천연 재료에서 뽑아내는 천연섬유이고 다른 하나는 인공적으로 제조한 인조 섬유이다. 그중 인조 섬유는 목재, 펄프와 같이 섬유질 성분을 지닌 재료를 녹여서 섬유의 형태로 다시 뽑아내는 재생 섬유, 석유나 석탄을 이용해 섬유를 형성할 수 있는 분자형태를 화학적으로 합성하는 합성 섬유로 구분된다. 그러니까 합성 섬유는 합성 고분자 화합물, 플라스틱이다. 페트병을 재활용해서 옷을 만들 수 있는 이유가 여기에 있다.

페트병을 섬유로 뽑아내는 과정은 다음과 같다. 먼저 소재와 색상별로 분류하고 라벨과 이물질을 모두 제거한 후, 분쇄 및 세척의 과정을 거쳐 섬유의 원료가 되는 작은 조각을 만든다. 그리고 이 조각들을 펠릿이라고 불리는 순수한 플라스틱과 함께 녹인다. 여기서 펠릿은 포장재나 일회용컵의 생산과정에서 나온 깨끗한 부산물로 만든 원료다. 마지막으로 녹은 플라스틱을 방사하고, 냉각과 연실 및 커팅 과정을 거쳐서 재활용 섬유를 만들어낸다.[205]

재활용 섬유에는 한계가 많다. 우선 페트병처럼 '깨끗한' 플라스틱이 모여야 한다. 그래서 일부러 페트병을 구하려 애쓴다는 소식을 들었다. 국내에서 투명 페트병의 수거와 선별이 제대로 이루어지지 않아 페트병을 수입하고 있다는 보도가 나오기도 했다.[206] 물론 페트병 외에도 다양한 소재를 활용하는 재활용 기술을 개발 중이지만, 이 역시 정해진 소재를 구해야 하므로 적극적인 재활용을 유도하기 어렵다. 재료를 다시 모으고 재생산하는 데에도 에너지가 들기 때문에 재생에너지를 활용하지 않는다면 또 다른 에너지가 발생한다. 다방면으로 지속가능성을 고려해야 하는 이유다.

어쨌든 의류 폐기물 문제 자체는 리사이클 재활용 섬유만으로는 해결되진 않는다. 전 세계적으로 9200만 톤, 계산하면 1초마다 한 트럭씩 옷이 버려지고 있다. 패션 산업이 만들어내는 쓰레기 문제의 심각성은 의류 폐기물을 재활용하지 않는 한 개선되지 않을 것이다. 패션 산업 내부에서만 재활용이 이루어져야 한다는 것이 아니라, 재활용 섬유로는 과도한 생산과 소비로 계속해서 폐기물이 발생하는 패션 산업의 시스템을 바꿀 수 없다는 것이다. 깨끗한 페트병은 수많은 폐기물 중 작은 일부일 뿐이다. 리사이클 제품이라 괜찮다는 방식으로 계속해서 대량의 생산과 소비를 이어가도 괜찮은가?

우선 의류 재활용에는 분명한 한계가 존재한다는 것부터 살펴보아야 한다. 재활용의 방법에는 크게 두 가지가 있다. 기계적 재활용과 화학적 재활용이다. 기계적 재활용은 폐기물을 분쇄하여 원료로 사용가능한 형태로 만드는 것이고, 화학적 재활용은 폐기물을 녹이거나 해체함으로써 원료 단계로 되돌리는 것을 의미한다. 기계적 재활용의 경우, 의류 폐기물을 분쇄하면 섬유의 길이가 짧아져 섬유 품질과 내구성이 떨어진다.[207] 분쇄된 섬유로 만들어진 실은 내구성이 좋지 않아 의류로 재활용하기는 어렵다. 특히나 두 가지 이상의 섬유가 섞여 있을 경우엔 분리가 어렵고, 단추나 지퍼 등의 부자재가 달려 있는 경우엔 일일이 수작업으로 선별하는 과정이 필요해 재활용이 쉽지 않다. 패션 산업의 '추출-생산-사용-폐기'의 선형적인 프로세스를 벗어날 만한 뚜렷한 솔루션은 등장하지 않은 셈이다.

그렇다면 이 직선을 구부려서 폐쇄적인 고리(closed-loop)를 만드는 것이 정말로 가능한가? 사용한 물을 모두 재사용하고, 배출한 온실가스를 탄소 포집 기술로 다시 붙잡고, 버려진 의류는 다시 직물로 환원할 수 있는가? H&M은 순환경제 모델을 오랫동안 언급해왔는데, 패스트 패션 시스템의 과잉을 감당할 만큼 순환을 이뤄냈을까? 아무리 순환 시스템을 완성한다 하더라도 배출을 100% 막을 수는 없다. 무엇보다도 이러한 대안적 방식을 통해 생산된 제품을 구매하는 것이 소비에 대한 면죄부로 기능할 수 있다는 점을 경계해야 한다.

어느 플라스틱 관련 포럼을 소개한 기사 제목은 다음과 같았다. "플라스틱, 재활용이 능사가 아니라 생산을 줄여야 해."[208] '그나마' 접근 가능성을 조금이라도 올릴 수 있는 방안은 '축소'다. 생산과 소비의 과잉을 줄이는 것이다. 규모의 축소는 덜 생산하고 덜 사는 것에서부터 온다. 그러나 기업이 아무리 지속가능성을 추구하며 이런저런 활동을 진행하고 대안적 생산을 진행한다 하여도 기업은 절대 판매를 최소화하려 하지 않을 것이다. 기업의 존재 의의가 이윤 창출, 판매 확대이므로. 어쩌면 가장 지속가능하면서도 현실적인 방법은 시민/소비자 차원에서 접근하는 과잉의 완화일지도 모른다. 물론 여기서 과잉의 완화란 소비의 중단이라기보다는 많은 옷을 쉽게 사고 쉽게 버리는 것을 의미한다. 비비안 웨스트우드의 말처럼 신중하게 골라서 오래 입는 것이다.

리사이클, 재활용이라는 단어가 넘쳐나고 이미 익숙해진 현 시점에서, 재활용에 대해 다시 한번 고민해볼 필요가 있다. 리사이클을 강력한 해결책인 것처럼 여기는 환상에서 벗어나 더 실질적인 대안을 위해 질문을 던지는 것이다. 이러한 비판은 순환경제 모델을 형성하려는 기술적 노력을 무용지물로 만들거나, 그 노력의 의지를 꺾으려는 의도는 아니다. 다만 우리에게 필요한 변화를 만들어내기 위해서는 얼마나 순환할 수 있는지, 언제 순환을 성공할 수 있을지, 그 효과성과 실현가능성에 대한 물음이 필요하다. H&M이 아무리 순환경제를 외쳐도 패스트 패션 기업이라는 '악명'으로부터 벗어날 수 없듯이, 이미 지나치게 과잉된 생산과 소비를 완화하지 않는다면 무분별한 사용과 폐기라는 악순환으로부터 벗어날 수 없을 것이다. 과잉을 위한 대안을 아무리 살펴보아도 과잉에 대처하기 위해서는 생산량의 감소가 절실해 보이는데, 우리는 시대의 패러다임을 바꿔나갈 수 있을까?

패션의 인간중심주의

오늘날 패션이 생산되고 소비되는 방식은 파괴적이다. 자원은 마음대로 가져다 쓰고, 그것을 가공하는 과정에서 생기는 쓰레기나 오염물질은 자연에 버린다. 쉽게 사고 버림으로써 보이지 않는 곳에 폐기물을 가득 쌓아놓고 정화되길 기다리는 것이다. 이 모든 과정은 인간이 자연을 어떻게 여기는지 보여준다. 즉 패션 시스템이 가진 파괴적 성격은 인간중심주의에 뿌리를 둔다.

인간중심주의는 자원을 사용할 때 강하게 작용한다. 우리는 자연을 무한한 샘물처럼, 당연히 인간에게 필요한 것을 제공하는 '아낌없이 주는 나무'인 것처럼 취급한다. 끊임없이 추출하고, 채굴하고, 벌목하고, 포획하고, 종래에는 거대한 쓰레기통으로 취급한다. 영화 〈다크 나이트 라이즈〉에서 배트맨이 세상을 구하는 방법은 핵폭탄을 바다에 대신 떨어트리는 것이었다. 영어에서 하수도(sewer)는 'seaward(바다 쪽으로)'라는 단어에서 유래했다. 거기에 쓰레기의 매립과 소각까지 고려하면, 우리는 육지와 바다, 대기를 모두 쓰레기통으로 여기는 셈이다.

인간은 정착하기 이전, 유목 생활에서 가졌던 미덕을 잃어버렸다. 적당히 필요한 만큼만 취하고, 주고받는 자연의 방식을 존중하며, 고마움을 표할 줄도 알았던 방식을 기억하지 못한다. 우리는 '선택받은' 종족으로서 모든 사용을 허락받은 것인 양 살아왔다.

〈겨울왕국2〉에는 엘사가 말의 모습을 한 물의 정령과 싸우는 장면이 나온다. 엘사는 실패에 굴하지 않고 끊임없이 도전한다. 엎치락뒤치락 이어지는 싸움의 끝은 엘사가 물의 정령에 고삐를 씌우는 모습이었다. 그 순간 이 싸움은 마법의, 즉 자연의 존재끼리 싸우는 것이 아니라 인간과 동물의 관계가 되어버렸다. 고삐는 인간이 자연을 이용하고 활용해온 역사를 상징하는 물건이었다. 엘사가 고삐를 씌우자 말은 통제를 거부하고 날뛰지만 엘사는 굽히지 않았고, 결국 말은 순종한다. 자연을 인간이 통제한다는 인간중심적인 시각이 짙게 느껴지는 장면이다. 하지만 우리는 인식하지 못한다. 오랫동안 말은 우리에게 운송의 '도구'였기 때문이다. 말의 도구화는 너무나 당연해서 말이 기동력을 제공해준 것에 고마움을 느끼지도 않는다. 인간중심주의는 우리의 사고방식 속 깊은 곳에 위치한다.

인간중심주의는 인류 역사상 가장 초기에 나타난 식민지적 행태로, 인간이 다른 비인간 존재에 비해 우월한 개체라고 여기는 신념에서 출발한다.[209] 인간과 자연을 분리하는 사고방식은 추출과 채굴, 소비와 오염을 실현한 기반이다. 자연은 인간이 언제든지 사용할 수 있는 타자, 물건, 대상이 되었고, 자연의 고통은 인간의 것이 아니기에 인간은 마음대로 자연에 개입하고, 자연을 배치하고, 수탈한다.

이러한 사고방식은 주체와 객체를 구분하는 서구 철학 사상으로부터 출발했다.[210] 이는 비인간을 객체화하고, 객체를 비인간화하는 과정으로 이어졌다. 전자는 자연을 도구화하는 관점에서 드러나고, 후자는 흑인이나 아시안과 같이 차별받는 소수자를 원숭이 등의 동물과 병치하는 관점에서 알 수 있다. 따라서 인간중심주의는 인간과 비인간의 이분법적 분리에 입각하지만, 비서구 국가에 착취가 전가되는 구조 역시 설명해준다.

서구, 그중에서도 유럽 중심의 사고는 단 하나의 굳건한 진리가 있다고 믿으며, 존재를 이해하는 방식 역시 하나뿐이라고 확신한다. 따라서 비서구 지역의 토착적인 이해 방식은 완전히 배제된다. 그러나 지구에는 자연을 정복의 대상으로 보는 관점만 존재하지 않았다. 우리나라를 보아도 전통 건축물은 주변의 자연을 변형하는 것이 아닌 조화하고 동화하는 방식으로 건축되었다. 아마존의 원주민은 강과 산에 인격을 부여하여 대화하며 살았고, 인간과 비인간의 구분이 아닌 각자 자연의 동등한 일부로 인식했다.[211] 인간을 자연과 분리하고 자연을 타자화, 대상화하는 유럽의 관점은 인간과 자연, 모든 존재를 해석하는 다양한 관점을 뒤덮어버렸다.

그 결과, 자연은 마르지 않는 샘물이자 넘치지 않는 쓰레기통이 되었다. 목화를 재배하기 위해 호수의 모든 물을 가져다 써버린 나머지 중앙아시아의 아랄해는 90%가 넘는 면적이 말라버렸다.[212] 재생 섬유를 생산하기 위해 브라질, 인도네시아 등지에서 수많은 나무가 벌목되었다. 아프리카, 아시아, 남아메리카의 강은 옷의 염료로 푸른색, 분홍색으로 물들었다.[213] 바다에는 옷에서 빠져나온 미세플라스틱이 가득하고, 아프리카와 남아메리카 곳곳에는 의류 폐기물이 무덤처럼 쌓인 거대한 쓰레기산이 있다. 지금 오염되는 곳으로 어디가 호명되었는가? 인간중심주의의 시각은 세계를 관통하는 강력한 권력 구조와 긴밀히 협력한다. 무엇이 먼저인지 판단할 수 없다.

이번 장에서는 인간중심주의적 시각이 어떻게 패션 업계를 지배하고 있는지 살펴보고자 한다. 물론 이는 패션 업계에 한정된 현상이 아닌, 전 세계에 팽배한 의식이다.

사라지는 숲과 나무, 패션과는 관련 없는 이야기일까

재생 섬유와 관련된 흔한 오해 두 가지를 다뤄보고자 한다. 하나는 재생 섬유라는 이름이 불러오는 재생의 이미지에 관한 오해다. 최근에는 플라스틱 페트병으로 옷을 만드는 브랜드들이 많아지면서 '친환경 재생 섬유', '플라스틱 재생 섬유' 등등 '재생'이라는 단어가 곳곳에서 보인다. 그러나 재생 섬유는 다른 섬유를 지칭하는 말이었다. 정확하게는 재생인조섬유로, 목재나 펄프의 섬유소에 화학약품 처리를 해서 만든 섬유다. 비스코스, 레이온, 모달, 텐셀 등이 해당된다. 섬유질(셀룰로오스)이 액체가 되었다가 다시 섬유질의 형태로 재생된다는 의미에서 재생 섬유라고 불렀다.[214] 환경적인 의미의 '재생'과는 거리가 멀다. '재생 섬유'가 재활용 섬유를 뜻하는 단어로도 혼용되는 지금, 재생인조섬유의 '인조적' 측면을 살펴볼 필요성을 느낀다. 재생인조섬유를 사용한 제품의 환경적 영향이 '재생'의 이름을 통해 잘못 해석될 여지가 있기 때문이다.

다른 오해는 패션이 벌목이나 산림 황폐화와는 무관하다는 인식이다. 재생 섬유를 만들기 위해서는 일반적으로 목재, 면 린터*와 같은 원료를 녹여서 용액을 형성한 다음, 섬유의 형태로 방사하면서 고체로 만드는 과정을 거친다.[215] 재생 섬유의 공정에서는 두 가지 환경 문제가 발생한다. 첫째는 목재량을 확보하기 위해 삼림 벌채가 이루어진다는 점이고, 둘째는 목재 등을 녹이기 위해 이산화황 같은 유해화학물질이 사용되어 주변의 물과 토양, 노동자와 거주민들의 건강을 위협한다는 점이다.[216]

캐나다의 비영리 환경 단체 캐노피(Canopy)에 따르면, 옷을 만들기 위해 베어지는 나무는 전 세계적으로 연 1억 5천만 그루이다.[217] 1억 5천만 그루면, 일렬로 세웠을 때 지구를 일곱 바퀴는 두를 수 있는 숫자다. 무게로 따지면, 매년 670만 톤의 나무가 옷을 만들기 위해 사라지는 것이다.[218] 브라질, 인도네시아, 북미에서는 패션 산업으로 인해 많은 나무와 숲을 잃었다.

산림 벌채는 심각한 문제다. 매년 7백만 헥타르, 즉 대한민국 면적의 70%에 해당하는 숲이 사라지고 있다.[219] 인간이 베어내기도 하고, 산불로 사라지기도 하는데 최근 산불의 주요한

* 목화와 목화씨를 분리하는 공정을 거친 이후에 목화씨에 남아 있는 짧은 섬유.

원인이 기후변화인 점을 감안하면 화재로 인한 소실 역시 인간의 벌목과 다르지 않다. 숲을 잃는 것은 기후변화를 두 배, 네 배로 심화한다. 숲은 탄소를 흡수하면서 기후를 안정시키는 역할을 하는데 숲이 사라졌으니 기후변화가 심화되고, 숲을 잃는 과정에도 탄소배출이 이루어지기 때문에 기후변화가 더 심화된다.

숲을 파괴하는 건 생명체도 파괴하는 일이다. 전 세계 생명체 다섯 중 넷은 숲에서 살기 때문이다. 특히, 인도네시아의 열대우림은 세계에서 가장 다양한 생물을 보유하고 있는 숲인데, 숲이 사라지면서 많은 동물들의 보금자리가 파괴되고 있다.[220] 오랑우탄, 호랑이, 코끼리 등 인도네시아의 숲에서 살아가는 많은 동물들이 멸종위기종으로 지정되었다. 생물다양성은 환경 문제에서 중요하게 언급되는 의제인데, 생태계의 다양성이 무너지는 것이 곧 인간 사회의 붕괴와도 맞닿아 있기 때문이다. 기업의 ESG 논의에서도 생물다양성은 시급한 문제로 다루어진다.[221] 이처럼 옷을 만드는 과정에서 나무는 더 많이 베어지고, 온실가스는 더욱 많아지며, 많은 사람과 동물들이 살 곳을 잃고 있다.

물론 재생 섬유의 환경적 한계를 인식하게 되면서 섬유 폐기물을 녹여서 섬유질 성분으로 다시 섬유를 추출하는 등 새로운 대안이 계속해서 개발, 연구되고 있다.[222] 다만 여기서 우리가 주목해야 할 것은 의류의 소비와 숲의 파괴 사이의 관계다. 소비가 자원의 무분별한 사용, 폐기로 이어진다는 사실을 의식하는 것이다. 우리는 숲이 아낌없이 나무를 내어줄 수 있는 것처럼, 숲의 소실이 그 어떤 변화도 일으키지 않을 것처럼 생각한다. 숲은 언제까지 울창할 수 있을까?

동물의 털을 쓰지 않는 것으로 충분할까

언제부터인가 '비건'이 새로운 트렌드처럼 떠올랐다. 축산업이 미치는 환경적 영향에 대해 문제의식이 강해졌기 때문이다. 소들을 나라라고 치면 이 나라는 중국과 미국에 이어 온실가스 배출에서 3위를 차지하고, 축산업은 메탄 배출의 37%, 이산화질소 배출의 65%의 책임이 있으며, 인간이 사용하는 담수의 3분의 1이 축산업에 쓰인다.[223] 넷플릭스 다큐멘터리 〈카우스피라시〉는 공장식 축산업으로 인해 사료용 곡물 생산, 야생동물 서식지 파괴 등의 여러 환경적인 피해가 발생함을 보여주었다. 이러한 문제의식이 불거지면서 비건에 관심 가지는 사람들도, 비건을 내세우는 기업도 점점 많아졌다. 무엇보다도 공장식 축산업 속에서 상품처럼, 물건처럼 취급되는 동물의 모습이 알려지면서 비건의 목소리가 더더욱 커졌다.

패션 역시 축산업과 무관하지 않은 산업이다. 축산업은 고기를 생산하는 산업에 한정되지 않고, 동물을 기르고 사육함으로써 그 생산물을 얻어내고 가공하는 산업을 포함한다. 패션 산업은 모피, 가죽, 깃털 등을 얻기 위해 동물을 재료로 이용한다. 밍크, 여우, 너구리, 양, 늑대, 표범, 토끼… 패션 산업을 위해 털을 뜯기고 가죽이 벗겨지는 동물들은 무수히 많다.

패션 산업에서 사용되는 동물의 털은 야생동물이라기보다는 사육된 동물의 털이다. 그 과정은 잔인함을 수반한다. 언젠가 한 번 '모피용'으로 사육되는 여우의 사진을 본 적이 있다. 여우는 모피의 생산량을 늘리기 위해 과도하게 살찐 상태였고, 좁은 창살 안에 가둬져 있었다. 털에는 윤기가 흘렀지만, 살이 잔뜩 쪄서 겹겹이 주름지고 흘러내리는 모습에 강한 이질감을 느꼈다. 여우는 무거운 몸을 제대로 가누지 못했고 뼈와 관절에도 무리가 가서 고통스러운 상태였다. 여우뿐일까. 거위나 토끼는 마취 없이 털을 뜯긴다. 메리노 양은 더 많은 양모를 생산하기 위해 쭈글쭈글한 피부로 개량되었는데, 주름 사이로 통풍이 되지 않아 구더기가 생기기도 하고 어린 양은 배설물이 묻지 않게끔 엉덩이의 주름진 살을 잘라내는 과정을 거쳐야 한다.[224] 더 많은 생산과 자본의 축적을 위해 자연에 개입하고 그로 인한 동물의 고통을 외면한다.

축산업의 잔혹성, 그리고 기후변화에 미치는 부정적인 영향이 가시화되자 여러 럭셔리 패션 브랜드에서 모피와 가죽 사용을 중단하겠다고 선언했다. 구찌, 샤넬, 생로랑, 버버리, 비비안 웨스트우드, 프라다, 알렉산더 맥퀸, 발렌티노, 돌체앤가바나, 아르마니, 캘빈 클라인, 베르사체, 랄프로렌, 타미힐피거, 지미추 등 수많은 브랜드가 동참했다.[225] 2021년에는 아예 구찌, 생로랑, 보테가 베네타, 발렌시아가 등을 보유한 케링 그룹에서 모피 사용을 금지하고, 2023년에는 런던 패션위크에서 모든 참가 브랜드에 모피 사용을 금지했다.[226]

그래서 일명 인조 모피와 인조 가죽, 패딩을 위한 인공 충전재 등이 대안으로 등장했다. 합성 섬유로 만든 것이다. 합성 섬유는 곧 석유에서 뽑아낸 플라스틱 섬유이다. 이로써 동물을 착취하는 잔혹성에서는 벗어났다고 볼 수 있다. 하지만 동물을 존중함으로써 우리는 인간 중심의 권력 구조를 내려놓은 것일까? 우리는 모피를 금지함으로써 인간중심주의에서 벗어났을까?

패션 업계에서 '진짜' 모피는 사라지지 않았다. 막스마라처럼 여전히 모피를 사용하는 브랜드가 있고, '지속가능한 모피'라는 이름으로 추적 가능하고 동물의 상태를 관리하여 생산한 농장 모피를 사용하기도 한다.[227] 그러나 묻고 싶다. '지속가능한 모피' 시스템은 대량생산 체제 속에서도 그 '지속가능함'을 유지할 수 있는가? 대량생산 속에서도 동물의 생존은 지켜지는가? 그 과정에서 동물은 상품화되는 구조에서 벗어났는가? 자연의 일부로서의 인간과, 자연의 일부로서의 동물이 동등하게 만났는가? 이러한 질문을 탐구하지 않는다면 인간중심주의적 사고에서 벗어나기란 쉽지 않을 것이다. 우리가 마주한 전 지구적 위기가 인간중심적 시각으로부터 파생된 결과임을 다시 한번 상기해본다.

인간은 비인간을 지배하는가

2023년 초, 스키아파렐리 2023 스프링 쿠튀르 컬렉션은 논란을 가져왔다.[228] 모델이 마치 진짜처럼 보이는 동물의 머리와 가죽을 몸에 걸치고 등장했던 것이다. 마치 전리품과 같은 모양새였다. 스키아파렐리는 실제 동물이 아니고, 인공 재료로 정교하게 제작한 것이라 설명했다. 스키아파렐리의 컬렉션에서 동물의 진위 여부는 중요하지 않다. 여러 패션 브랜드와 기업이 모피 및 가죽 사용을 금지했으니, 진짜 모피 사용은 이미 비난의 대상으로 합의된 상황이라고 보자. 중요한 건 동물의 머리와 가죽을 몸에 자랑스럽게 걸치는 인간중심적 관점이다.

2024년 FW 패션위크에서는 다양한 색과 질감의 퍼가 잔뜩 등장했다. 루이비통과 발렌시아가 컬렉션에는 발끝까지 내려오는 퍼 코트가 등장했고, 미우미우, 시몬 로샤, 라콴 스미스 등 모피를 활용한 브랜드는 무수히 많았다. 모피 사용을 금지했음에도 모피가 꾸준히 런웨이에 등장하는 이유는 모피에 달라붙은 이미지가 사라지지 않기 때문이다. 스키아파렐리의 컬렉션에서 사자와 표범의 머리를 달고 당당히 런웨이를 활보하는 모습은 '트로피 사냥'을 떠올린다. 육식동물의 사체를 통해 인간의 힘과 우월함을 과시하는 모습이다. 예로부터 모피, 가죽 등은 힘과 권위, 부와 사회적 지위를 나타냈다. 맹수 위에 군림하는 인간으로서 권력을 과시하기에 시각적으로 확실한 방법이었다. 인간은 자연을 지배하며, 비인간 존재와 다른 특별한 존재임을 나타내는 것이다. 동물은 그 수단으로 존재할 뿐이었다.

인간과 동물은 정말로 구분되는가? 이와 관련해 2022년 한 해를 뜨겁게 달군 책을 살펴보자. 『물고기는 존재하지 않는다』로, 이 책은 '분류학'이라는 저명한 과학 분야의 오류를 고발한다. 비늘과 같은 외부 생김새로 어류를 분류했으나, 내부를 뜯어보면 서로 너무나 다른 종이었다는 것이다. 이를테면, 폐어는 연어보다 소와 더 가깝고, 심지어 인간과도 상당히 가깝다고 한다. 어류라는 분류는 무의미했다. 인간은 지극히 인간중심적 시각에서 세상을 바라보고, 판단하고, 분류한 것이다. 그 시각은 굉장히 협소했다.

이 책은 분류학의 잘못만을 고발하는 것이 아니다. 데이비드 스타 조던이라는 분류학자의 생애를 통해, 인간중심적 사고가 어떻게 확장될 수 있는지 드러낸다. 조던은 생물을 분류하는 과정에서 못생겼다는 이유로, 또는 타 생물에 기생한다는 이유로 열등하다는 딱지를 붙였다. 인간적인 기준으로 생물의 등급을 나눈 것이다. 심지어 이러한 위계를 인간에게도 적용했다. 유색 인종, 장애인, 지능이 낮은 사람들을 하등하다고 믿었고, 우수한 인간만 진화시키기 위해 열등한 인간은 강제 불임화해야 한다고 주장했다. 실제로 당시 미국 곳곳에서는 '열등한' 인간에 대한 불임화가 수없이 시행되었다. 조던의 이야기는 세상을 일방적으로 해석하는 사고방식의 폭력성을 여실히 드러낸다.

인간중심적 시각은 우리 사회에 깊이 뿌리박혀 있다. 산업화 이래 자연을 무분별하게 개발하고 착취해온 역사에서도 발견할 수 있고, 사람을 인위적인 계급으로 나누고 차별해온 역사에서도 볼 수 있다. 제국주의, 식민주의, 인종차별주의. 자신이 속한 집단이 가장 우월하다는 오만, 스스로 세상을 통제할 수 있다는 착각은 모든 폭력의 역사에 깔려 있다.

〈데우스 엑스 마키나〉라는 웹툰에는 신이 나타나 직접 상벌을 내리는 세상이 나온다. 가장 기억에 남는 장면은, 한 소년이 아픈 엄마의 수술을 위해 개구리를 잡아 팔았는데, 신이 개구리를 살리고 소년은 죽도록 내버려둔 것이다. 인간의 삶이 개구리의 삶보다 중요하지 않다는 단호한 메시지였다. 당연히 소년을 살리길 바라고 살 것이라 예상했던 많은 독자들은 충격을 받았다. 자연의 입장에서 인간은 가장 우월하지 않고, 가장 중요한 존재가 아니다.

우열을 가리지 않고, 위계를 만들지 않고, 착취하지 않고, 공생하고 포용하는 세상으로 나아가기 위해서는 가장 먼저 인간중심적 사고방식에서 벗어나야 하지 않을까. 지구 위의 다른 존재를 어떻게 인식할지, 지구에서 살아가는 방식을 어떻게 정의해야 하는지, 사고와 시각의 단계에서부터 다시 고민해야 한다. 이게 바로 환경과 인권 문제를 가득 껴안은 현대 사회를 조금씩 개선할 수 있는 실마리이지 않을까.

패션의 제국주의와 식민주의

앞에서도 살펴보았듯, 우리가 세상을 인식하고 자연을 대하는 태도와 방식은 서구의 인식체계가 확산된 결과다. 그 확산은 제국주의가 세계 '정복'을 시작한 시절부터 차근히 이루어져왔다. 제국주의는 과거에 종결된 것이 아니다. 우리의 삶과 사회는 과거 위에 쌓였고, 제국주의는 현재의 삶과 현대의 사회를 받치는 주춧돌 중 하나다.

제국주의가 서구의 지배욕을 펼치는 사고방식이었다면, 식민주의는 지배를 실현하는 행동이었다. 식민지에서 자원을 약탈하고 노동을 착취한 후 '제국'에서 소비하는 구조는 역사적으로 꾸준히 지속되어왔다. 이때 자원은 물질적인 자원인 동시에 노동력이고, 문화적 요소다. 그리고 또 한 가지, 제국이 식민지를 이용하는 방식이 있다. 바로 폐기의 장소로 활용하는 것. 약탈과 동시에 배출하는 것이다. 이 관점에서 본다면 서구는 '몸'이고, 비서구는 먹히거나 배설되는 몸의 바깥으로 비유할 수 있겠다. 말 그대로 서구 '중심'이다.

교통과 통신 기술이 발달하고 세계화가 이루어지면서 약탈과 배출의 지배 방식은 더욱 빠르고 은밀하게 이루어진다. 세계화는 동등한 교류가 아니다. 생산-소비-폐기의 단계는 기울어진 구조 속에서 배분되었다. 그렇게 제3세계는 자원을 채굴, 수확, 채취하고, 노동하고, 쓰레기가 폐기되는 곳이 되었다. 패스트 패션으로 제3세계 국가들의 경제가 성장했다고 보는가?

이곳은 그만큼의 사회적, 환경적 대가를 감당해야 했다.[229] 더 비판적으로 보자면, 서구 사회를 받치는 역할로 발전했다고도 볼 수 있다. '패션과 문화적 다양성' 파트에서는 문화적 관점에서 서구 중심의 패션 시스템이 비서구를 어떻게 수탈하고 배제하는지 살펴보았다. 이번 글에서는 지속가능성의 관점에서 제국주의적, 식민주의적 구조가 어떻게 강화되고 동시에 사실을 은폐하는지 살펴보고자 한다.

의류 노동자의 임금 인상은 무엇을 의미하는가

인권의 문제는 지속가능성에서 중요한 기둥을 차지한다. 패션 산업에서 인권 문제가 발생하는 이유는 패션 산업이 착취를 기반으로 가동되기 때문이다. 이 착취의 형태는 자본주의로 설명할 수 있지만, 파헤쳐보면 제국주의와 식민주의 시대에 형성된 세계 위계질서의 논리가 단단한 기반으로 자리 잡고 있다. 지금까지 살펴본 것처럼 패션 산업의 착취는 인종화되었고, 지역화되었다는 점에서 잘 알 수 있다.

앞에서도 살펴보았지만 LVMH의 회장인 베르나르 아르노는 전 세계 1위의 부자에 오른 반면, 제3세계의 의류 노동자들은 시급 몇백 원, 몇천 원을 받고 일한다. 이 대조는 패션 산업의 생산과 소비 사이의 양극단을 보여주며 불합리하고 불균형적인 구조를 나타낸다. 이 구조는 LVMH가 다른 어떤 기업들보다 특출나게 잘못하고 있어 나타났다기보다는 자본주의로 구성된 세계의 본질적인 구조다. 자본주의는 기본적으로 착취를 은폐함으로써 자본을 증대해가는 법칙이기 때문이다. 즉 아르노 회장과 의류 노동자의 극단적 거리는 패션 산업을 지속하게 하는 구조이자, 나아가 전 세계의 모든 산업을 유지하는 비법이다.

자본은 착취의 대상을 끊임없이 찾는다. 의류 생산지의 이동 경로를 살펴보면 자본이 어떻게 착취를 지속하는지 구조의 역학이 보인다. 20세기 초반 미국에서부터 시작해보자. 당시는 미국의 의류 산업이 열심히 성장하던 시절로, 의류 생산을 담당하던 지역은 뉴욕의 한복판에 있었다. 맨해튼의 텐더로인(tenderloin)이라는 지역은 1920년대부터 '가먼트 디스트릭트(garment district)'라 불리며 의류 제조 지구로 성장했다.[230] 특히 가먼트 디스트릭트는 1940년대에 빛을 발했다. 당시는 패션 시장이 오트 쿠튀르, 고급 맞춤복 중심에서 기성복 중심의 대중적인 시스템으로 변모하는 시기였다. 미국은 대량생산 체제를 바탕으로 기성복 확산에 앞장섰고, 가먼트 디스트릭트는 미국 패션 산업이 성장하는 데 든든한 뒷받침이 되어주었다.

시간이 흐르고 1960년대가 되자 가먼트 디스트릭트의 공장 임대료와 인건비는 많이 오른 상태였다. 더불어 통신, 교통, 유통 기술이 발달하면서 의류 생산을 인건비가 저렴한 국가로 위탁하는 움직임이 나타났다. 아웃소싱의 시대가 시작된 것이다. 인건비가 저렴한 해외에서 생산하는 것이 훨씬 이득이라는 사실을 깨달은 기업이 생산지를 해외로 옮기기 시작했다. 우리나라를 비롯해 홍콩, 대만 등의 아시아 국가가 그 대상이었다. 그 덕분에 당시 우리나라의 섬유 산업은 폭발적으로 성장해 생산한 제품을 60% 가까이 수출하면서 '한강의 기적'을 일으킨 주역이 되었다.[231]

또 시간이 흐르고, '의류 수출의 빅3'라고 불렸던 우리나라, 홍콩, 대만도 인건비가 상승했다. 우리나라의 경우, 1980년대 파업이 이어지고 임금이 오르자 1990년대부터 의류 제조업이 점차 약화되기 시작했다. 이에 2000년대에 접어들면서는 의류 제조 지역이 중국과 동남아시아로 옮겨 갔다. 우리나라 기업도 생산 비용을 감축하기 위해 이 국가들에 생산 공장을 두기 시작했다. 중국과 동남아시아 중심의 의류 생산 시스템은 패스트 패션 기업의 등장과 함께 현재까지도 이어지고 있다.

의류 생산의 지역은 바뀌었지만, 그 광경은 어디서나 똑같았다. 20세기 초 미국의 가먼트 디스트릭트에서 의류 노동자가 일했던 공간은 '테너먼트(tenement)'라는 주거용 아파트로, 조명도 어둡고, 환기도 안 되며, 화장실도 열악한 공간이었다. 그 대안으로 등장한 창고형 '로프트 공장(loft)'도 마찬가지로 노동 인원에 비해서는 좁은 공간이었다. 이들은 하루 3달러 정도의 임금을 받았다.[232]

1960년대 우리나라 의류 제조 공장의 모습은 어땠을까. 평화시장 노동자의 권리를 위해 분신항거한 전태일에 따르면, 당시 의류 노동자는 허리도 제대로 못 피는 좁은 공간에서 15시간 동안 똑같은 작업을 반복해야 했다.[233] 다수의 공장주가 청소년들을 '시다' 혹은 '공돌이', '공순이'라 부르며 견습생으로 고용했고, 당시 커피 한 잔 값에 불과한 50원을 하루 일당으로 지급했다. 산업이 성장한 1980년대 이후에는 창신동에 봉제 공장들이 들어서면서 노동 환경이 조금씩 개선되었는데, 이 또한 뉴욕과 마찬가지로 주거형 건물에 들어선 테너먼트 공장이었다.[234] 미국 뉴욕에 있었던 테너먼트 공장은 그대로 한국으로 옮겨졌다. 누군가가 미국의 방식을 참고한 결과가 아니고, 생산과정에서 자본을 아끼고자 하는 자본주의적 방식이 똑같이 적용된 것이다. 자본주의 체제 아래에서는 공통적으로 노동자의 노동 환경을 개선하는 데 자본이 쓰이지 않는다. 당시 봉제공장은 창신동에 밀집되어 있었는데, 우리가 흔히 상상하는 거대한 공장이 아니라 적게는 혼자, 많게는 네댓 명이 모여 옷을 만드는 소형 봉제 공장이 골목마다 들어서 있었다. 창신동은 여전히 서울에서도 인구 밀도가 높기로 손꼽히는 곳이며 건물이 다닥다닥 붙어 있다. 이곳은 소방차도 진입이 불가능해 화재의 위험이 높다고 한다.

2000년대 중 · 후반을 기점으로 봉제 산업이 중국 · 동남아 등 저임금 국가로 옮겨가며 봉제마을은 급격히 쇠퇴하기 시작했다. 그리고 현재는 인도, 동남아시아 등지에서 같은 형태의 착취가 이루어지고 있다. 자본주의는 포착과 이동을 바탕으로 이루어진다. 큰 기업의 경우에는 환경이 잘 갖춰진 공장이 있지만, 테너먼트 공장은 대부분 소규모 하청업체들이다. 2021

년, 한 NGO 단체에서 패스트 패션 기업 쉬인(Shein)의 공급업체를 조사했는데, 이곳의 노동자들은 주 75시간을 일하고 한 달에 하루만 쉬었다.[235] 쉬인의 공급업체 중에는 작은 창고 같은 공간에서 작업하는 곳도 많았다.

위에서 살펴본 흐름을 보면 한 가지 사실을 알 수 있다. 의류 생산지의 이동에는 반복되는 패턴이 있다. 인건비가 저렴한 곳에서 생산이 이루어지다가, 인건비가 상승하고 생산 비용이 커지면 또 다른 저렴한 곳으로 옮겨 가는 것이다. 의류 생산지의 이동은 '저렴한 노동'을 찾으며 이뤄졌다. 풀어서 말하면 적은 돈을 받으며 많은 시간을 일하는 대상, 즉 착취의 대상을 끊임없이 포착해냈다는 뜻이다.

착취와 포착은 자본주의가 작동하는 본질적인 방식이다. 효과적으로 착취할 수 있는 대상을 계속해서 포착하고 이동하는 것이다. 구조는 바뀌지 않는다. 적은 임금으로 많은 시간을 노동할 수 있는 사람에게 생산을 맡겨야 이윤이 극대화되기 때문이다. 자본주의적 관점에서는 노동 환경을 개선하는 것이 아니라, 착취의 대상을 재포착하고 이동하는 것이 이득이다. 노동자 임금의 상승은 구조의 해결로 이어진다기보다, 또 다른 저임금 노동자를 찾는 일로 이어졌다.

의류 산업의 제조를 맡은 노동자들은 대부분 이민자이거나, 유색인이거나, 빈곤한 집단이다. 아웃소싱이 시작된 이후 노동은 국제적으로 분업화되었는데, 그 분업은 평등하지 않았다. 아시아, 아프리카, 라틴 아메리카 등 식민지였던 국가들이 노동의 측면에서도 착취의 대상이 되었다. 이곳의 값싼 노동력으로 만든 물건은 서구의 국가에서 비싸게 팔렸고, 그 잉여의 이윤은 서구 기업이 가져갔다.

또 의류 노동자들은 대부분 여성이다. 미국 가먼트 디스트릭트에서 일했던 노동자들은 90%가 유대인 이민자였고, 70%가 여성이었다.[236] 우리나라에서도 섬유공장에서 일한 1960~1970년대의 의류 노동자 역시 여성이 70%를 차지했다.[237] 중국과 동남아시아에서 의류 제조업에 종사하는 노동자들 역시 여성이 많다. 베트남에서는 의류 노동자의 80% 이상,[238] 방글라데시에서는 90% 이상이 여성이다.[239] 사회학자 마리아 미즈는 국제 노동 분업의 구조가 제3세계 여성을 전 세계의 '가정주부'로 만들었다고 설명한다.[240] 이들은 보이지 않는 노동자이며, 노동의 가치가 격하된 존재들이다. 이처럼 의류 산업의 스웨트숍 노동은 인종화, 식민화, 젠더화된 노동으로, 자본 중심의, 서구 중심의, 가부장적인 세계의 불균형한 구조를 대변한다. 이 모습은 언제 어디서나 똑같이 유지되었다. 이 구조야말로 의류 산업이 지속되어온 배경이기 때문이다. 이는 패션 산업의 그림자이자, 전 세계 모든 비즈니스의 그림자이다.

반대로 소비 지역은 달라지지 않았다. 전 세계 패션의 중심지는 파리, 런던, 밀라노, 뉴욕의 4대 도시로, 패션 트렌드를 먼저 향유하고 소비하는 지역이다. 그뿐만 아니라 이 도시들은 패션의 세련되고 혁신적인 이미지로 도시의 인지도를 높이고 관광객을 유도하면서 경제적 부를 창출하고 있다.[241] 패션을 소비하고, 패션을 이용한 자본을 얻을 수 있는 지역은 서구에서 벗어난 적이 없었다. 패션의 패권을 잡은 서구 4대 도시의 권위가 이어지는 동안 의류 제조업은 착취의 대상을 찾아 자본의 변두리로 향했다. 이렇게 자본주의의 착취 구조는 제국주의적 세계 질서에 맞춰 정리되고, 지속된다.

의류 폐기물은 어디에 버려지는가: 추출과 폐기 장소로서의 Global South

우리는 보통 옷을 버릴 때 초록색 의류 수거함에 넣는다. 이 의류 수거함에 옷을 버리면 어떻게든 옷이 다시 쓰일 거라 기대한다. 봉투에 묶어 버리는 다른 쓰레기처럼 매립지나 소각장으로 직행하는 것이 아니라, 어디론가 보내져 다시 사용될 가능성이 있으리라 생각한다. 그것만으로도 폐기에 대한 죄책감을 덜 수 있다. 혹시 우리가 옷을 쉽게 버릴 수 있는 건, 누군가 다시 입게 될 거라는 기대 때문일까?

실제 통계는 다음과 같다. 5%만 빈티지 의류로 유통되고, 15%는 쓰레기로 버려지며, 80%는 개발도상국으로 수출된다.[242] 해외로 수출되는 비율이 생각보다 높다. 중고 의류 무역은 전 세계적으로 1년에 약 4백만 톤의 옷이 거래될 정도로 큰 시장이다.[243] 청바지 75억 벌 규모의 옷이 바다를 넘나들며 거래되고 있다. 우리가 버린 옷의 상당수가 개발도상국에서 다시 활용된다니, 희망적인 수치다.

하지만 실상은 다르다. 개발도상국에 수출되는 의류의 상태는 매우 조악하거나, 현지의 기후에 알맞지 않거나, 그 수가 지나치게 많아 결국 버려지고 많다. 반 이상이 매립지로 직행하거나 강에 버려지거나, 소각된다.[244]

가나의 사례를 보자. 가나의 수도 아크라에는 세계 최대의 중고 의류 시장이 있다. 이곳에는 영국이나 유럽, 북미, 호주 등 전 세계 선진국으로부터 매주 1500만 벌 이상의 의류가 들어온다.[245] 하지만 세계 최대 규모라는 이름이 무색하게, 가나는 쏟아지는 의류를 감당하지 못해 **의류 폐기물로 인한 각종 오염 문제로 몸살**을 앓고 있다. 가나로 유입되는 중고 의류 중 60% 정도만 활용되고 나머지는 매립지로 버려지기 때문이다.[246] 결국 의류 폐기물만 매일 100톤에 달하는 규모로 발생하고 있다.[247]

가나 아크라에서 감당할 수 없는 폐기물은 칸타만토 북쪽의 아데파 폐기장으로 옮긴다. 하지만 여기서도 정상적으로 처리할 수 있는 의류 폐기물은 30%에 그친다.[248] 나머지는 공식적인 절차를 거치지 못해 배수로로 빠지거나 강과 바다로 유출된다. 폐기물이 개발도상국으로 이동하는 것이 특히 우려되는 이유는 이들 국가의 폐기물 관리 시스템이 촘촘히 정비된 상태가 아니기 때문이다. 가나의 해변은 수많은 의류 쓰레기들로 가득 차 있다. 또 가나의 강과 바다는 의류 폐기물에서 빠져나온 염료로 조금씩 오염되고 있다.[249]

칠레도 마찬가지다. 칠레도 가나처럼 선진국의 중고 또는 재고 의류가 도착하는 국가인데, 칠레에 도착한 중고 의류 중 3분의 2가 아타카마 사막에 버려진다.[250] 매립지에 폐기되지도 못한 것인데, 생분해되지도 않고 화학 성분 문제도 있어 지방자치단체에서 운영하는 매립지에서도 처리를 거부한 것이다. **결국 사막에 옷가지들이 잔뜩 쌓여 방치되고 있다.**

개발도상국으로 보내져서 누군가 다시 입게 될 거라는 기대와는 달리, 버려진 옷은 또 버려질 뿐이다. 기부라는 이름으로 쓰레기를 수출하고 있으나, 이는 선진국 폐기물 문제의 외주화에 그친다. 선진국의 폐기물이 중고 의류로 가장되어 개발도상국으로 전가되는 것이다.

쓰레기가 수출되는 것은 의류 폐기물만의 문제가 아니다. 2018년에는 국내 쓰레기 몇천 톤이 필리핀에 버려져 주필리핀 한국대사관 앞에 시위가 진행됐다.[251] 재활용 가능한 플라스틱이라며 수출하였으나, 실제로는 재활용이 불가한 쓰레기였다는 것이다. '쓰레기를 되가져 가세요'라고 쓰인 현수막에 부끄러움이 솟았다. 이는 일부 수출업자의 불법적 행위였고 결국 국내로 반송되었다.

우리나라에도 일본의 쓰레기가 수출된 적이 있다. 재활용 가능한 고무 제품이라며 수입 신고됐으나, 실제로 들어온 폐기물은 천 쪼가리나 에스컬레이터 손잡이와 같이 처리가 어려운 유해 폐기물이었다.[252] 2008년의 일이나 우리도 쓰레기를 받는 입장이었음을 생각해보면, 개발도상국에 의류 폐기물을 재사용의 명목으로 떠넘기는 것이 부당한 일임을 충분히 이해할 수 있다.

부유한 자가 가난한 자에게 입던 옷을 기부하는 건 중세시대에도 활용되던 방법이었다. 사회적 계급에 따라 중고 의류가 이동했고, 환경적 측면에서 긍정적으로 해석해보자면 이 방법을 통해 의류는 오랫동안 쓰임을 다할 수 있었다. 그러니까 이는 계급적인 자본주의 사회에서 물자를 다시 사용하면서 폐기물량을 줄일 수 있는 방법이다. 동시에 사회적 불평등을 더 견고하게 하고 자본을 가진 자의 편의를 극대화하는 방법이다. 그러나 현재는 옷의 품질이 낮아지고 버려지는 옷의 수가 지나치게 많아지면서 순환이나 절약이 불가한 상황이 되었다. 보통 환경오염이 자연의 자생력을 초월할 정도로 심해지면 걷잡을 수 없듯이, 의류 폐기물이 쏟아지는 속도는 개발도상국이 수용할 수 있는 정도를 넘어섰다. 이제 선진국과 개발도상국 사이의 중고 의류 무역은 거래를 가장한 폐기다.

한편 중고 의류 시장의 확산은 개발도상국의 패션 산업이 번영할 수 없는 원인이자 결과다. 우간다에서는 의류 소비의 81%가 중고 의류로 구성되는데, 저렴한 중고 의류가 시장을 점령한 탓에 내수 의류 산업이 확장될 가능성이 제한된다.[253] 개발도상국이 중고 의류를 수입하고 처리하는 위치에 머무를 수밖에 없는 구조적 한계를 강화한다. 심지어 아프리카에서는 중고 의류 수입을 제한하려고 시도했으나, 빈곤으로 인해 중고 의류에 대한 수요가 크다 보니 밀수가 성행하는 등의 문제가 발생했다. 중고 의류 시장은 개발도상국의 선진국 의존도를 높이고 빈곤을 영구화할 위험이 있다.

개발도상국에 중고 의류 시장이 형성된 것은 자본주의의 영향이 가장 대표적이지만, 그 이면에 제국주의와 식민주의가 존재한다. 폐기물과 같은 사회적 문제를 타국에 떠넘길 수 있는 논리는 불평등한 국가 관계에 뿌리를 두고 있다. 결국 개발도상국은 자국과 타국의 폐기물 문제를 함께 떠안고 있으며, 저렴한 중고 의류에 의존하며 스스로 성장할 수 있는 기회 또한 차단되고 있다.

더욱 무서운 것은, 선진국의 폐기가 기부와 재사용이라는 허울로 꾸며진다는 사실이다. 이는 선진국의 소비자들이 옷을 쉽게 버릴 수 있는 핑계로 기능한다. 이 또한 과소비를 부추기는 또 하나의 이유다. 아무리 버려도 누군가는 입을 거라는 가정은 잘못됐다. 초록색 의류 수거함에 옷을 넣는 행위는 일반쓰레기 봉투에 욱여넣는 것과 다름없었다. 옷을 버리는 게 그만큼의 쓰레기를 배출하는 것과 같다고 생각한다면, 옷장을 정리할 때마다 옷을 한 아름씩 버리는 일이 이렇게까지 쉽진 않을 것이다.

온실가스 배출량, 숫자는 진실을 보여주는가

이제 온실가스를 살펴보자. 기후위기의 시대, 온실가스는 모두가 촉각을 곤두세우고 주목하는 수치다. 기후변화가 우리에게 직접적인 영향을 미치는 위기로 정의되면서, 온실가스 배출량은 환경에 대한 악영향을 환산하는 척도가 되었다. 누가, 어떤 기업이, 어떤 국가가 온실가스를 많이 배출한다면 그만큼 환경에 대한 책임이 크다는 의미로 해석된다. 2022년 전 세계 국가 중 온실가스를 가장 많이 배출한 국가는 중국으로, 전체 배출량의 30%를 차지했다.[254] 2020년도 마찬가지였다.[255] 그렇다면 중국은 기후변화에 대한 책임이 가장 큰 국가일까?

중국이 온실가스 배출량이 많은 것으로 나타나는 이유는 석탄 발전의 비중이 높기 때문인데, 그 에너지가 사용되는 곳은 주로 산업 부문이다. 2015년 에너지경제연구원에서 발표한 보고서에 따르면, 중국 온실가스 배출량의 50%가량이 제조업에서 발생한다.[256] 반면 1인당 온실가스 배출량을 환산하면 중국은 8위에 머무른다.[257] 그렇다면 중국은 왜 산업 부문의 온실가스 배출량이 많이 나타날까?

중국은 세계 여러 산업의 제조와 생산이 집중된 곳이다. 의류 산업의 경우에도 중국은 전 세계에서 의류 수출이 가장 많은 국가로,[258] 의류 공급망에서 중요한 위치를 차지한다. 코로

나19나 기후변화로 원활한 수급이 어려워지면서 리쇼어링 등이 주목받았지만, 중국의 인구와 생산 인프라에 따른 가격 및 속도 경쟁력으로 인해 다시 중국으로 공급 라인을 되돌리는 의류 기업이 많았다.[259] 그러니까 중국이 온실가스 배출량이 많은 이유는 세계화 시대가 도래함에 따라 전 세계의 제조와 생산을 도맡았기 때문이다.

패션 산업이 많은 온실가스를 배출하면서 기후변화에 크게 기여한다는 사실은 여러 번 보도되었다. 2021년 세계경제포럼에서 발표한 자료에 따르면 패션 산업은 연간 12억 톤의 온실가스를 배출하며 전 세계 산업 중 오염을 많이 일으키는 산업 3위에 올랐다.[260] 전 세계 온실가스 배출량의 8~10%를 차지하는 양이다.[261] 그마저도 운송이나 세탁 등에서 발생하는 온실가스는 제외된 수치다.[262] 패션 산업의 전체 가치 사슬 중에서는 생산 단계에서 발생하는 온실가스가 가장 많다. 전체 배출량의 70% 이상이 생산 단계에서 발생한다. 의류를 만들고, 유통하고, 팔고, 입고, 버리는 모든 과정 중 만드는 단계에서 가장 많은 에너지를 사용한다는 뜻이다. 여기엔 원재료 생산, 섬유 및 직물 제조, 가공 및 처리, 봉제 및 후가공 등 여러 단계가 포함된다. 그러니까 패션 산업의 측면에서 보면, 온실가스 배출이 가장 많이 이루어지는 생산 단계를 중국 등의 아시아 국가에서 맡았기 때문에 이곳의 온실가스 배출량이 많게 나타난다는 것이다.

이렇게 대부분의 산업 구조가 세계화를 기반으로 형성된다면, 국가별로 나뉜 온실가스에 얼마나 큰 의미가 있을까? 중국을 비롯한 주요 제조 국가의 온실가스 배출량이 높다고 해서 그 국가를 탓할 수 없다는 뜻이다. 여기서 그 제조업을 기반으로 국가가 경제적 이익을 확보했다는 등의 논의로 들어가게 되면 기후변화의 책임을 산출하는 일은 지나치게 복잡하고 묘연해진다. 우리가 주목해야 하는 것은 온실가스 배출량이라는 숫자가 가지는 평면성이다. 이 숫자는 온실가스가 최종적으로 배출되는 순간에 주목할 뿐, 온실가스가 배출되는 구조적 맥락을 간과한다. 선진국은 제조와 생산을 아웃소싱하면서 온실가스 배출 역시 아웃소싱하고 있다.[263]

그러니까 세계화는 많은 국가가 복잡한 공급의 과정 뒤로 숨을 수 있는 공간을 마련했다. 다르게 말하면, 제국주의적인 세계 구조는 서구 국가가 복잡한 공급망 속에서 핑계와 변명을 찾을 수 있도록 만들었다. 패션 산업의 공급망에서는 의류 노동자가 낮은 임금으로 노동하고 그 이익은 세계에서 손꼽히는 패션 기업의 CEO가 취하는 구조에서 온실가스는 공평히 기록되고 있는 것이다. 아니, 오히려 제조와 생산 국가로 숫자의 책임이 향한다.

세계화되며 복잡해진 산업 구조로 배출의 수치를 감춰 이득을 보는 주체는 선진국뿐만이 아니다. 선진국에 위치한 거대 기업도 같은 방식으로 가치사슬 구조를 활용한다. 기업의 온실가스 배출은 세 가지로 구분된다. scope1은 기업이 직접 공장의 굴뚝으로 내뿜는 온실가스를 의미하고, scope2는 전기 등의 에너지를 사용함으로써 간접적으로 배출하는 온실가스를 의미한다. scope3는 그 외, 공급망에서 발생하거나 직원들이 출퇴근할 때 쓰거나 제품 유통 시 발생하는 등등 기타 과정에서 발생하는 모든 온실가스를 포함한다. 요즘에는 기업들은 공급업체에서 완제품 단계로 전달받는 경우가 많기 때문에 scope3가 99%까지 차지하기도 한다. 공급업체에서 배출한 온실가스이기 때문에, 기업이 직접 배출한 온실가스로 산정되지 않는 것이다.

그런데 기업의 온실가스 감축 목표는 이런 방식으로 나타난다. 2022년 쉬인이 발표한 온실가스 감축 목표를 예로 들어보면, 쉬인은 2030년까지 scope1에서 42%를 줄이고, scope2에서 재생에너지 인증서(REC)를 100%만큼 구매하고,* scope3는 25% 줄이겠다고 발표했다. 이 말은 조금 과장하자면 전체 온실가스 배출량 중에서 25%만 줄이겠다는 목표나 다름없다. scope3에서 큰 부분을 차지하는 공급망 온실가스 배출은 대부분 제조업 국가들에서 나온다. 즉, 노동도, 온실가스 배출도 모두 여기서 이루어진다. 가치사슬의 마지막 단계에 있는 기업, 즉 보통 우리가 아는 패션 기업이 생산량을 낮추거나 생산 방식을 바꾸는 등 생산 측면에서의 변혁을 꾀하지 않는다면 탄소 감축은 달성할 수 없을 것이다.

* 신재생에너지 발전소로부터 '신재생에너지 공급인증서'를 구매함으로써 신재생에너지로 에너지를 공급했음을 증명하는 방법. 실질적인 에너지 감축량은 없으며, 이미 배출된 온실가스로 인한 사회적 부담을 경제적으로 갚는 의미에 가깝다.

온실가스 배출량을 국가, 기업이라는 집단적 경계에 따라 나누기 시작하면 책임 역시 구분하게 된다. 하지만 전 지구적 문제에서 어떻게 책임의 구획을 나눌 수 있을까? 더 심각한 점은 숫자 역시 객관적이지 않고 공평하지 않아서 비서구 국가의 제조 산업에 책임을 지우게 된다는 것이다. 이렇게 책임을 환산하는 작업은 제국주의적 구조만을 강화할 뿐이며, 서구 국가/기업의 적극적인 참여와 노력을 이끌어내기 어렵게 만든다. 더 큰 책임을 요구할 대상은 따로 있다. 지금까지 개발과 성장에 힘을 쏟으며 자연을 챙기지 않은 국가/기업은 누구인가?

전 세계는 연결되어 있다. 기후변화도 전 지구적 현상이고, 기후변화를 가속화하는 인간 사회의 영향도 전 지구적으로 나타난다. 그렇다면 기후변화를 위한 대응은 어떻게 이루어져야 할까? 전 지구적 위기를 국가적 단계에서 대응하고 있는 현재의 방식은 충분한 변화를 가져올 수 있을까? 숫자에 기반한 기후변화 대응은 얼마나 유의미한가? 이미 세계화로 전 세계가 연결되었다면 함께 숫자 밖의 영역에서 초국가적 대응을 논할 수는 없을까?

패션과 기업, 자본주의

자본주의란 사유재산을 인정하고, 경제 주체 간의 자유로운 거래를 통해 자본의 축적이 이루어지는 체제다.[264] 이 정의에 따르면 자본주의가 경제 시스템을 지칭하는 것 같지만, 자본주의는 경제적 개념에 한정되지 않는다. 누가 무엇을 어떻게 소유하는지, 누가 노동하고 누가 소비하며 누가 자본을 얻는지, 일자리의 창출과 노동력의 재생산이 어떻게 이루어지는지, 인간과 자연의 관계는 어떻게 정립되는지, 경제 상황에 관여하는 정치 제도는 어떻게 구성되는지 등 사회의 면면을 관통하는 개념이다.

지금까지 살펴보았듯이 자본주의는 제국주의, 식민주의, 인간중심주의와 분리하여 말할 수 없다. 마찬가지로 인종차별, 성차별, 성소수자 차별, 장애인 차별 등의 소수자 차별과도 분리할 수 없다. 우리가 속한 사회의 위계는 자본을 중심에 두고 견고하게 다져졌다. 자본주의에서 자본이란 주변을 착취함으로써 축적되기 때문이다. 배제와 착취가 있어야 자본이 모인다. 기본적으로 자본주의는 배분되기 위한 시스템이 아닌 것이다. 자본주의에서 자유란 출발선이 다른 존재들을 보이지 않게 가리고, 경쟁과 차별을 합리화하는 수단이다. 이렇게 소수의 사유재산, 소수의 권위만 몸집을 불리는 구조가 굳어져왔다.

따라서 패션 산업에서 발견되는 자본주의적 병폐를 논의하는 것은 이미 이 책의 모든 부분에서 진행해온 셈이다. 지금까지 우리는 한쪽으로 기울어진 배제와 착취의 구조를 여러 키워드로 들여다보았다. 그럼에도 불구하고 본 글을 '자본주의'라는 이름으로 구분한 이유는 패션 산업의 지속가능성과 그 한계를 기업의 관점에서 살펴보아야 하기 때문이다. 기업은 자본주의 사회의 핵심적인 주체, 산업의 핵심적인 행위자이자 자본이 축적되는 곳이다. 기업은 이 위기의 시대에 어떤 책임을 지고 있는가? 기업은 무엇을 하고 있는가?

패션 브랜드의 윤리는 도덕적인가

패션계에는 여러 주체가 있다. 소비자, 디자이너, 제조업자와 제조노동자, 유통업자, 기업…. 그중 패션이 만들어지고 판매되는 과정에서 이윤을 획득하는 주체는 단연 기업이다. 기업은 패션 산업을 가동하는 주요한 행위자다. 이제 패션 기업이라 함은 여러 브랜드를 산하에 거느리는 거대한 통치자와도 같다. LVMH 아래에는 루이비통, 디올, 셀린느, 펜디, 로에베, 지방시, 마크 제이콥스 등 75개의 브랜드가 있고,[265] 케링 그룹은 구찌, 발렌시아가, 생로랑, 보테가 베네타, 알렉산더 맥퀸 등 10개가 넘는 브랜드를 관리한다.[266] 이외에도 마르니, 빅터앤롤프, 메종 마르지엘라, 질 샌더, 디젤 등을 소유한 OTB 그룹, 클로에, 카르티에, 반 클리프 아펠 등을 거느린 리치몬트 그룹 등 굵직한 대기업들이 브랜드를 서로 나눠 가진 모양새다. 따라서 패션 업계의 지속가능성, 다양성을 말하기 위해서는 패션 기업이 적극적인 주체가 되어야 한다.

패션 기업은 디자인과 같은 창의적인 영역뿐만 아니라 생산과 유통, 판매에 이르는 비즈니스 측면을 모두 아울러 사회적 의제를 고민해야 한다. 특히 최근에는 윤리적 가치에 대한 대중의 요구가 높아지면서 브랜드의 지위를 유지하기 위해 필요한 요소가 확대되었다. 전 세계적인 미투 운동이나 '흑인의 생명도 소중하다(Black Lives Matter)' 운동 이후, 소수자 차별이나 불평등에 대한 대중의 민감성이 높아졌다. 특히 패션 산업은 2013년 수많은 봉제 노동자가 사망한 라나 플라자 붕괴 사고 이후로 인권 문제가 가시화되었고, 일부 브랜드의 인종차별 이슈가 발생하면서 다양성에 대한 브랜드 가치관도 많은 주목을 받고 있다. 아동과 여성, 장애인 등 사회적 약자를 포용하는 움직임 역시 패션 브랜드에 요구되는 사회적 책임 중 하나다. 동시에 기후변화로 인해 환경에 대한 관심이 전 세계적으로 높아지면서 패션 산업은 가장 오염이 심각한 산업 중 하나로 주목받고 있다. 이제 인권과 환경을 위한 노력은 패션 업계를 관통하는 사회적 책임이 되었다.

인권과 환경에 대한 이슈는 기업의 사회적 책임(CSR: Corporate Social Responsibility)으로서 오랫동안 논의되어왔고, 최근에는 투자자 관점의 ESG(Environmental, Social, Governance)*로까지 이어

* 환경(Environmental), 사회(Social), 지배구조(Governance)의 머리글자를 딴 용어로, 기업이 지속가능성을 추구하려면 사업을 운영하는 과정에서 세 영역에 대한 리스크를 관리해야 함을 뜻한다.

져 기업의 인권과 환경 관리에 대한 요구가 확대되고 있다. 기업이 사업을 운영하는 과정에서 영향을 미치는 모든 이해관계자의 인권을 보호하고, 전체 가치사슬에서 발생하는 환경적 영향을 관리해야 하는 것이 이 시대의 중요한 기업 윤리가 되었다. 럭셔리 패션 브랜드 또한 '기업'으로 정의되며, 기업에 요구되는 사회적 책임을 함께 요구받기 시작했다. 지금까지 럭셔리 패션 브랜드가 사회적 지위를 유지하기 위해 브랜드 헤리티지와 예술화를 활용해왔다면, 이제는 기업으로서의 사회적 책임이 필수적인 덕목이 되었다.

가끔 기업의 사회적 책임이 '노블레스 오블리주(Noblesse Oblige)'라는 개념과 연결되기도 한다. 사회 계층을 구분하는 럭셔리 패션은 이 개념과 더 쉽게 관련지어지는 듯하다. 노블레스 오블리주는 사회를 이끌어가는 상류층은 전체 사회에 대한 책임 있는 리더십을 발휘해야 하며, 도덕적 의무를 다해야 한다는 개념이다. 럭셔리 패션 브랜드가 상위의 엘리트 계층을 자처하고 배타적인 문화를 유지하는 만큼, 상류층의 사회적 책임도 함께 요구될 것이다. 그런데 럭셔리 패션 브랜드를 계층의 관점에서 바라보는 것이 현시대와 부합하는 관점일까? 럭셔리 패션 브랜드는 글로벌 거대 기업이 운영한다. 브랜드의 방향은 기업의 이익과 직결되며, 이윤의 확대가 가장 우선적인 목적이 된다. 여기서 계급을 논한다면 '노블리스 오블리주'에서 말하는 귀족적 계급이 아니라, 자본을 중심으로 나뉘는 자본주의적 계급이다. 따라서 패션 브랜드의 윤리는 상류층의 관대함이라기보다 경제적 주체로서 기업의 책임과 연결되어야 한다.

그렇다면 패션 브랜드가 추구해온 윤리*를, 과연 우리가 기대하는 도덕적인 맥락으로 설명할 수 있을까? 기업의 관점에서 지속가능성은 현재와 같이 사업을 장기적으로 운영하기 위해 관리해야 하는 사회경제적인 가치다. 즉, 돈을 벌기 위한 방법과 직결되는 것이다. 디지털 환경의 확대로 생산자에 대한 소비자의 반응은 빠른 속도로 확산되고, 브랜드 이미지의 변화 또한 즉각적으로 확인할 수 있다. 특히, 인권이나 환경 같은 기업의 사회적 책임에 대한 시장의 관심과 민감성이 높아졌기 때문에, 소비자의 반응은 더욱 가시적으로 나타날 수 있다. 기업의 이미지 하락, 나아가 매출 하락, 투자 회수 등 재무적인 리스크까지 연결될 수 있다는 뜻이다. 반대로, 윤리적 가치를 지향하고 사회적 책임을 우수하게 이행하는 브랜드가 있다면, 더 많은 소비자들의 호감을 얻을 것이며 이는 판매까지 이어질 가능성이 높다. 다양성의 맥락에서는 더 많은 인종을 포용하는 것이 더 많은 잠재적 소비자를 얻는 것과 연결된다. 이제 윤리적 가치는 기업의 원활한 사업 운영을 위해 필수적으로 관리해

* 윤리(Ethics)와 도덕(Morals)의 차이를 잠깐 짚고 넘어가 보자. 윤리란 한 집단 내부에서 지켜야 하는 규칙을 말하고, 도덕은 무엇이 옳고 그른지 판단할 수 있는 기준을 말한다. 즉, 윤리는 '의사윤리', '기업윤리'와 같이 집단의 규칙을 명시할 수 있지만, 도덕은 모든 집단과 사람에게 적용될 수 있는 기준이다. 윤리는 도덕을 기반으로 정립되지만, 항상 도덕적인 것은 아니다. 예를 들어, 사람의 죄를 고발하는 것이 도덕적 사고에서 나온 행동이라면, 변호사는 피고인을 변호하는 것이 변호사의 윤리이므로 도덕적 가치를 따르지 않는 셈이다.

야 하는 요소가 되었다. 다르게 말하자면, 럭셔리 패션 브랜드가 추구하는 윤리는 브랜드의 사회적 지위를 유지하고, 판매를 촉진하기 위해 적극적으로 활용해온 전략 중 하나다.

그러니까 기업을 대상으로 순수하게 도덕과 윤리를 논하기는 어렵고, 자본주의적 관점과 결합해야 가능하다는 것이다. 도덕과 윤리는 지나치게 순진하고, 자본주의는 현실로 여겨지니까. 이 관점에서 보면, ESG는 상대적으로 현실적인 방안이었다. 기업이 장기적으로 사업을 잘 운영하기 위해 사회와 환경에 미치는 영향을 함께 관리해야 한다는 관점은 논리적으로 완벽했다. 기업이 '착해야' 한다기보다는 원활한 비즈니스를 위한 냉철한 행동이 사회환경적으로도 이로운 방향인 것이다. ESG는 기업이 행동해야 하는 이유를 자본주의적인 방법으로 설명해줬기 때문에 똑똑한 방법이었다.

패션은 순수하게 지속가능성을 추구할 수 없는 분야다. 이 말이 면죄부로 쓰이지 않길 바라 조심스럽지만, 대립적인 측면이 있다. 패션의 다른 말은 유행으로, 끊임없이 새로 탄생하고 확산하고 쇠퇴하는 주기를 반복한다. 즉 유행의 끝없는 생산과 소비를 기반으로 한다. 반대로 지속가능성은 생존의 문제로, 현재의 생산과 소비 시스템을 탈피하는 것이 과제다. 계속되는 확산과 성장과 팽창을 멈추고, 회생을 고민해야 하는 것이다. 그렇다면 지속가능성과 패션은 공존할 수 있는가? 본질적으로 패션과 지속가능성은 양립 불가능하다. 끊임없이 변화하며 유행을 만들어야 하는 패션에서 지속가능성을 논할 수 있는가? 질문을 바꿔보겠다. 지속가능성과 자본주의는 공존할 수 있는가? 지속가능성의 역설은 패션에만 해당하지 않는다. 우리가 내놓는 여러 대안은 충분하지 않다. 순환 경제를 내세우며 재활용 기술을 개발해도 월등히 높은 생산량과 소비량에 자원은 여전히 낭비되고 매립지는 넘쳐난다. 그래서 지속가능성을 추구하는 과정의 끝은 인간 존재의 부정인 경우가 많았다. 인간이 생존하는 한 지구는 소모되고 황폐해질 것이라고. 이 지점까지 오면 한 걸음 물러나야 한다. 죽어버릴 수는 없는 노릇이고, 이것으로 지나치게 스트레스를 받기에는 일상을 지속해야 한다. 따라서 지속가능성 논의의 결론은 불완전의 수용, 끊임없는 타협이다. ESG는 일견 그 타협을 효과적으로 수행해내는 듯하다.

럭셔리 패션 브랜드 역시 결국 기업이다. 인권과 환경을 챙기는 일은 자본의 이윤을 추구하는 일과 상충된다. 기업은 이윤 추구를 포기할 수 없기 때문에, '지속가능성'이나 'ESG'를 추구하는 과정에서 타협하는 지점이 상당히 많이 생긴다. 그래서 패션 브랜드의 윤리는 도덕적 행위보다는 경제적 행위 바깥으로 벗어날 가능성이 크지 않다. 물론, 패션에서 얘기한 윤리적 가치에 자본이 연관되었다는 사실이 꼭 부정적인 것은 아니다. 이제 도덕적 가치를 자본주의 사회에 적용할 만한 논리가 만들어졌다는 뜻이기 때문이다. 약자를 챙기자는 소리는 순진한 것이 아니라 불필요한 낭비와 리스크를 예방할 수 있는 경제적이고 전략적인 태도가 되었다. 먹고사는 현실과 도덕적 가치 사이의 거리감을 좁힐 수 있는 방법론을 고민하게 된 것이 한편으로는 현실적인 방안인 듯도 하다. 그런데 과연 이것으로 충분할까?

한 가지 의문점이 있다. 정말로 기업에는 도덕성을 기대할 수 없는가? 도덕과 윤리를 말하는 것은 순진한 것인가? 도덕과 윤리는 기업활동에서 배제할 수 없다. 기업 이미지를 위해 이용하는 가치가 될 수도 있지만, 기업 행동의 범위를 정의하는 기준이 될 수도 있다. 패션 기업의 노동 이슈가 그리 치명적인 이유는 비윤리성 때문이다. 노동자의 사망, 상해와 질병에 관한 이야기는 기업의 윤리성을 단죄한다. 그 결과가 재무적 이익에도 영향을 미치기 때문에 기업이 도덕적으로 행동해야 한다고 볼 수도 있지만, 대중이, 사회가 기업을 이미 도덕적 윤리적 주체로 인식하고 있음은 분명하다. 미주리 대학의 교수 정 하-브룩샤이어(Jung ha-brookshire)는 '도덕적 주체'로서 기업이 가지는 의무를 탐구한다.[267] 개인 하나하나가 경제적 주체인 동시에 도덕적 주체이듯, 기업 또한 마찬가지라는 것이다. 우리는 개인에게 도덕적 의무가 있듯, 기업도 같은 의무를 지는 사회적이고 도덕적인 주체로 인식한다. 도덕과 윤리는 이미 기업 이미지, 가치에 중요한 부분을 차지하고 있다. 그러나 기업은 이윤을 우선시하며 소비자가 브랜드에 기대하는 도덕적인 행동과 실제 행동에 괴리를 만든다. 여기서 그린워싱이 발생한다.

ESG 역시 한계가 있다. 포화한 생산과 소비에는 의문을 가지지 않고, 비서구 국가에 전가된 노동 구조도 바뀌지 않는다. 그렇다면 ESG는 '현실적인' 논의인가? 현재 상황을 바꾸지 않기 위한 허울 좋은 방법인 것은 아닐까? ESG를 재무성과와 연결하는 목적론적 관점은 기업이 사회적 주체로서 가지는 책임을 망각하게 만든다.[268] 기업의 이윤 추구라는 목적과 부합하려는 관점에서만 ESG를 해석하게 되면 기업의 사회적 의무와 책임을 경시하게 된다는 것이다. 기업은 오직 경제적 주체일 뿐인가? 우리가 지속가능성을 논하기 위해서는 필히 자본주의적 시스템과 마주해야 한다. 그렇다면 윤리와 도덕에 관한 논의는 정말로 순진한 이야기에 그칠까?

도덕적인 측면을 이야기하는 것이 나이브하게 여겨지는 상황 역시 자본주의를 중심으로 세상이 구조화된 결과일 것이다. 자본만이 현실이고, 우리의 삶을 조직하는 도덕적 부분은 비가시화하는 것이다. 이 부분 역시 생각해봄 직하다. 자본주의 사회에서 윤리와 도덕을, 나아가 공동체를 추구하자는 문구는 순진한 것인가 필요한 것인가?

오히려 도덕적 관점은 브랜드가 추구해야 하는 방향을 정확히 제시할 수도 있다. 구찌나 프라다는 특정 제품이 흑인을 우스꽝스럽게 묘사하는 듯하여 인종차별적이라고 비난받았는데, 브랜드가 다양성을 외쳤던 이유가 더 많은 소비자를 확보하기 위함이 아니라 실질적으로 다양한 인종을 포용하기 위함이었다면 여러 배경의 사람들과 함께 고민하면서 인종차별에 대한 가능성을 미리 해소할 수 있지 않았을까?

현실성을 고려하지 않고 윤리와 도덕만을 추구해야 한다고 말하려는 것이 아니다. 회사에는 눈앞의 일을 처리하기에 바쁜 개인이 모여 있고, 이익은 현대 사회에서 사람들의 행동을 통제하고 유도하는 가장 확실한 동인이 되었다. 늘 제시간에 오지 않는 사람들에게 지각비를 걷으면 귀신같이 시간 맞춰 등장하는 것처럼. 자본주의 사회에서 도덕성이 이윤 추구보다 더 앞에 놓이긴 힘들다. 다만, 자본을 논의하는 것이 현실적이라는 이유로 기업에 대한 도덕적, 윤리적, 사회적 논의가 축소되어서는 안 된다는 것이다.

마지막으로, 또 다른 관점을 고려해야 한다. 지속가능성은 생존의 문제라는 점이다. 기업에게 이윤이나 도덕을 이유로 지속가능성을 요구하는 데는 모두 한계가 있다. 도덕적 주체로서 지속가능해야 하거나, 장기적으로 이윤이 되기에 지속가능해야 한다기보다, 생존하기 위해, 생존과 직결된 문제기에 지속가능해야 한다. 이것은 지속가능성을 위한 이유가 아니라, 지속가능성 문제가 불거진 원인이다. 생존은 도덕과 이익을 초월한 현실이고, 지속가능성은 생존의 문제다. 이 사실적인 관점이야말로 모두가 지속가능성의 필요를 인식하고 행동하게 만들 수 있지 않을까. 물론 이 또한 경제적 관점과 도덕적 관점을 배제하진 않아야 할 것이다. 그저 더 깊은 책임감, 더 많은 상상력, 더 활발한 논의로 더 나은 방향을 추구해보는 것이 필요하다. 우린 앞으로 어떤 질문을 더 던져야 할까.

패션 산업의 투명성은 투명한가

2013년 라나 플라자 건물 붕괴 사고는 패션 산업의 인권 문제를 수면 위로 끌어 올렸다. 이 건물에는 H&M, 베네통 등 글로벌 패션 브랜드의 제품을 생산하는 의류 공장이 위치해 있었는데, 피해 규모가 매우 컸고 안전보다 생산을 우선한 인재였기에 전 세계의 주목을 받았다. 이 사고로 노동자들의 저임금, 강도 높은 근로시간, 열악하고 위험한 노동 환경이 알려졌으며, 브랜드의 윤리적인 생산과 의류 노동자 인권 관리의 중요성이 대두되었다.

패션 산업의 인권 문제는 주로 생산 단계에서 발생한다. 세계화 시대에 접어들면서 전 세계의 많은 기업은 개발도상국의 저렴한 인건비로 생산의 효율을 끌어올렸다. 점점 더 넓고 깊게 형성된 공급망은 누가 어디로 연결되었는지 잘 보이지 않게 한다. 한 제조업체가 생산 가능한 분량 이상의 일을 받으면서 처리하기 어려운 일은 하청업체에 의뢰하고, 그 하청업체도 또 다른 하청업체에 의뢰하는 식으로 쭉쭉 깊은 공급망이 형성된다. 하청에 하청을 거듭할수록 인건비는 점점 더 낮아지고, 노동환경을 개선하는 데 쓰이는 비용도 더더욱 줄어든다. 이렇게 관리가 어려울 정도로 공급망이 복잡하게 짜여 있어 사각지대에 있는 업체들도 많다. 이러한 비가시성은 공급망에서 이루어지는 착취, 수탈, 파괴를 가린다. 그러다 가끔씩 심각한 사례가 폭로된다. 이처럼 공급망에서 나타나는 논란이 거듭되다 보니 공급망 관리의 중요성이 높아졌다. 문제를 개선하기 위한 대표적인 키워드는 '투명성'이었다.

'투명성(transparency)'이라는 개념은 여러 맥락에서 다루어지지만, 패션 산업에서 투명성이란 주로 공급망의 투명성을 의미한다. 세계화의 흐름에 따라 해외 아웃소싱으로 생산이 이루어지면서 패션 기업의 공급망이 매우 복잡해졌기 때문이다. 공급망의 비가시성은 착취의 현장을 은폐한다. 이때 착취란 사람과 자연에 대한 착취를 모두 포함한다.

라나 플라자 붕괴 사고 이후, '패션 레볼루션(Fashion Revolution)'이라는 비영리단체가 설립되었다. 이 단체는 '패션 투명성 지수(Fashion Transparency Index)'를 발표해 기업이 공급망에 대한 정보를 얼마나 투명하게 공개하고 추적하는지 평가하기 시작했다. 이 지수는 기업이 노동 환경과 환경적 영향 등을 어떻게 관리하고 있는지 외부에 공개된 정보를 바탕으로 기업의 투명성을 평가한다. 이외에도 '굿온유(Good On You)'나 잡지 『Business of Fashion』의 '지속가능성 지수(BoF Sustainability Index)' 등 패션 브랜드의 투명성을 평가하는 지표가 여럿 있다. 투명성 관리 방법은 크게 1) 기업의 공급업체 목록과 위치를 공개하고, 2) 각 공급업체는 어떻게 운영되고 있는지, 3) 각 공급업체는 그들의 공급업체를 어떻게 관리하는지 살펴보는 것으로 정리할 수 있다.

이처럼 투명성은 브랜드가 공급망 불투명성에 맞서고 의류 생산에 대한 이야기를 전달할 수 있는 수단으로 주목받았다. 보이지 않는 생산 과정을 가시화함으로써 문제 개선의 단초를 다지는 방법이다. 그렇다면 투명성에 대한 논의는 어떤 개선을 이루었을까? 여전히 노동 착취 사례는 꾸준히 폭로되고 있다. 왜 문제는 개선되지 않는가? 투명성이라는 개념은 어떤 한계를 품고 있는가? 투명성 모델은 드러내는 것보다 숨기는 것이 많다. 정보의 공개는 문제의 개선을 보장하지 않는다. 투명성은 여러 한계를 갖는데, 네 가지로 정리할 수 있다.

첫째, 투명성은 기업에게 정직하고 책임감 있는 이미지를 부여하는 마케팅 수단으로 활용된다. H&M은 대표적인 패스트 패션 기업으로, 비즈니스 모델 자체가 지속가능성과 거리가 멀다. 값싼 가격 뒤에는 착취가 숨겨져 있고, 빠르게 생산하고 버리는 과잉의 시스템은 환경에 큰 부담을 지운다. 그런데 H&M은 높은 투명성 지수를 기록하고 있고, 투명성이 기업의 중요한 가치 중 하나임을 지속적으로 전달하고 있다. 그렇다면 H&M의 투명성은 패스트 패션 기업의 지속가능성을 증명할 수 있는가? 이는 오히려 투명성이라는 방법론의 한계를 보여준다. 패스트 패션의 비즈니스 모델이 가진 구조적 문제는 은폐하고, 정보 공개 자체로 기업이 지속가능성을 위한 의무를 다하고 있는 것처럼 포장함으로써 또 다른 소비를 유도하는 것이다.[269]

둘째, 기업은 투명성이라는 명목으로 어떤 정보를 공개하고 숨길지 결정하는 권한을 갖는다.[270] 패션 투명성 지수, BoF 지속가능성 지수, 굿온유의 평가는 보통 공시된 자료를 바탕으로 투명성과 지속가능성을 평가한다. 투명성이 중요한 비즈니스 관행으로 주목받으면서 여러 자료가 공개되고 있지만, 공시를 결정하는 주체는 기업이다. 기업은 공개 가능한 정보만 공개한다. 투명성이라는 관행하에서 공개된 정보는 불투명한 지점을 증명할 수 없다. 오히려 투명성은 불투명성으로부터 시선을 돌리기 위해 사용될 수 있다.

셋째, 정보의 신뢰도를 판단할 수 없다. 파타고니아는 투명성을 최우선 가치로 여기며, 이를 추구하는 데 우수한 행보를 보이는 것으로 알려져 있지만, 작년 기사에서 발표된 실상은 달랐다. 패스트 패션 기업이 이용하는 저임금의 제조업체를 파타고니아에서도 함께 이용하고 있었기 때문이다.[271] 공개된 정보로는 은폐된 정보를 알 수 없기 때문에, 우리가 알고 있는 정보가 얼마나 협소한지 또는 잘못되었는지 판단하기 어렵다.

넷째, 정보 공개 방식은 정례화되었다. 기업은 투명성을 갖추기 위해 정책을 만들고, 책임자를 공개하며, 공급망 목록을 공개하고, 실사(due diligence)를 진행한다. 기업은 이 단계에 따라 투명성의 요구를 충족해간다. 이는 문제의 개선을 위한 진심 어린 접근이라기보다는, 투명성을 인정받기 위해 업계의 관행에 따라 하는 일에 가깝다. 무엇을 위한 공개인지는 잊은 채, 무엇을 공개해야 뒤처지지 않는지에 주목하는 듯하다. 투명성 개념은 '투명하다'는 단어의 청렴한 이미지에 압도되어 그 한계가 잘 보이지 않는다. 기업의 사업 관행은 근본적으로 투명할 수 없다.

투명성은 ESG 경영에서 강조하는 공시의 개념과 연결된다. 최근 기업은 공급망뿐만 아니라 모든 사업 운영 과정과 관련되는 비재무적 정보를 공개할 것을 요구받고 있는데, 정보의 공개는 곧 리스크 관리의 역량을 증명하기 때문이다. 어떤 정보를 공개한다는 것은 그에 대한 위험 요소를 알아보고 관리할 수 있다는 뜻이다. 기업이 온실가스 관련 정보를 측정하고 공개할 수 있다면, 온실가스와 관련된 기업의 성과 또한 관리할 수 있다. 이렇게 정보 공시는 기업의 역량을 입증하는 한 가지 방식이 되었다.

투명성의 한계를 고려하면, ESG 공시 역시 같은 한계를 가진다. ESG 공시는 기존의 구조를 유지하는 방향으로 이루어지는 소극적 개선이며, 기업이 구조적으로 가지는 문제를 해결하는 것이 아닌 기업의 역량을 홍보하는 일이 될 수 있다. 공개 가능한 정보만을, 정례화된 방식으로, 기업의 사업 운영에 유리하도록 공개하는 것이다. 지속가능성에 대한 논의가 정보 공개에 그친다면, 문제의 개선에는 한계가 있다.

옷이 어디에서 어떻게 만들어지는지, 그 정보가 알려지는 것은 분명 반갑고 유의미한 일이다. 복잡하게 엉켜 있는 공급망을 미지의 영역으로 방치하는 것보다는 계속해서 들여다보고 가시화하는 것이 훨씬 나은 방향이다. 하지만 투명성을 추구하는 목적은 공급망에서 자행되는 인권 침해와 환경 오염을 개선하기 위함임에도, 비즈니스의 본질적 문제는 방치된다. 투명성으로는 구조적 문제를 극복할 수 없다. 투명성 개념은 과연 옷과 패션에 대한 사고방식이나 생산 및 소비 관행을 변화시켰는가? 투명성 다음의 논의가 필요하다.

라나 플라자 붕괴 사고는 의류 노동 환경 문제로 나타난 첫 사례가 아니다. 1911년에는 뉴욕의 트라이앵글 셔츠 의류 공장에서 화재가 났는데, 노동자의 이탈을 막기 위해 비상구를 잠가놓았고 소화 장치가 부실해 인명 피해가 컸다.[272] 이는 의류 노동자의 위험한 작업환경과 강제된 근로 상태를 드러냈고 노동자들의 파업으로 이어진 사례다. 역사를 더 거슬러 올라가면 산업혁명이 등장한다. 당시 방직공장은 무수한 실낱이 휘날려 노동자 중에서는 폐병을 앓는 사람들이 많았다. 산업의 발전 이면엔 언제나 도구화되는 몸이 있었다. 세계화 시대에 전 세계가 서로 연결되면서 공급망은 복잡해졌고, 도구화된 몸은 가려졌다. 자원과 노동에 대한 착취는 자본주의 사회에서 나타나는 구조적인 문제다. 지속가능성 문제에 대해 대안적 방법이 논의되는 것은 희망적인 일이나, 그 어떤 방법도 완벽한 대안이 될 수 없다. 우리가 해야 할 일은 대안의 대안을 끊임없이 고민하는 것이다.

지속가능성은 점수 매길 수 있는가

패션 기업의 지속가능성을 평가하는 여러 지표가 있다. 앞에서 언급한 비영리단체 패션 레볼루션에서 운영하는 패션 투명성 지수(Fashion Transparency Index) 외에도 굿온유, 패션 미디어 BoF에서 운영하는 지수, 텍스타일 익스체인지(Textile Exchange)에서 운영하는 지수, 기업인권벤치마크(Corporate Human Rights Benchmark: CHRB), 노더체인(Know The Chain) 등 다양하다. 이 지표들은 패션 기업의 활동을 살펴보며 점수를 매겨 기업의 지속가능성을 판단한다.

굿온유에는 사람, 동물, 지구 이 세 가지의 가치를 바탕으로 브랜드의 윤리성을 평가한다.[273] 노동자들의 권리를 얼마나 존중하는지, 동물의 털과 가죽을 사용하는지, 환경보호를 위해 어떻게 노력하는지 등 구체적인 시스템을 통해 브랜드의 윤리성을 평가하고 점수화한다. 이는 기업이 공개적으로 공시한 자료를 바탕으로 판단한다.

기업인권벤치마크는 의류, 농산물, ICT제조, 자동차, 채굴 총 다섯 가지 산업을 대상으로 평가를 진행하는데, 이름처럼 인권에 초점을 맞춰서 평가한다.[274] 평가는 정책, 행동강령, 기준, 보고서 등 기업에서 '공시'한 정보가 기업인권벤치마크의 평가 지표를 충족하는지 확인하는 방식으로 이루어진다. 기업 홈페이지, 별도 공시 플랫폼, CHRB 공시 플랫폼 등을 통해 공시된 정보를 확인한다. 거버넌스와 정책 및 선언, 인권 존중 및 실사, 개선방안 및 고충처리 매커니즘, 기업 내 인권 관행, 중대한 혐의에 대한 대응, 투명성으로 영역을 구분하여 평가한다.

BoF의 지속가능성 지수는 패션 기업을 대상으로 하며 이전해 연간 매출 상위 15개로 발표된 기업을 평가 대상으로 한다.[275] 럭셔리 패션 기업과 하이스트리트 패션 기업, 액티브웨어 기업으로 평가 대상을 구분한다. 역시 전년도 12월 31일까지 공시된 자료를 기반으로 평가하며, 투명성, 온실가스 배출, 수자원 사용 및 오염, 원재료, 근로자 인권, 폐기물에 대한 정책, 계획, 관리 현황, 데이터 등을 확인한다.

다음으로 텍스타일 익스체인지는 지속가능한 섬유 및 소재 산업을 위한 비영리 협회다. 지속가능한 섬유 및 소재에 대한 각종 인증 프로그램을 진행하고, 섬유 및 소재와 관련해 기업 공급망, 유통 등 비즈니스 전반의 지속가능성 현황을 추적하는 벤치마킹 활동을 진행한다. 텍스타일 익스체인지는 소재 벤치마크(Materials Benchmark)라는 프로그램을 진행하며 의류제품에 사용되는 섬유 및 소재에 대한 지속가능성을 평가한 내용을 공개하고 있다.[276]

노더체인은 강제노동 여부를 확인하는 벤치마크로, 패션 산업 이외에도 ICT, 식음료 등의 산업에 대해 평가를 진행한다.[277] 인권 및 공급망 정책, 공급망 투명성, 리스크 평가, 구매 관행, 공급업체 채용 관리, 공급업체 노동자 의견 수렴 과정 관리, 모니터링 절차, 구제 프로그램 및 시정 계획 등을 확인한다.

이러한 지수의 역할은 측정 가능한 것이 관리도 가능하다는 말로 이해할 수 있다. 이는 경영학자 피터 드러커(Peter Ferdinand Drucker)가 한 말로 알려져 있다. 관리해야 하는 부분을 목록화하고 관리 현황을 수치화하고 등급화하면 성과를 직관적으로 살펴볼 수 있고, 개선점도 효과적으로 확인할 수 있다. 여러 지수의 방법론을 살펴보면, 정책-관행-실질적인 운영 성과-평가 및 개선의 구조를 확인할 수 있고, 이는 패션 기업이 지속가능성을 관리하기 위한 참고자료가 되기도 한다.

이제 지속가능성과 ESG가 중요한 화두가 되면서 이를 척도화하고 등급화하는 여러 평가 시스템들이 생겨났다. 패션 산업을 대상으로 하는 평가도 마찬가지다. 위에 언급한 평가들은 모두 유사한 점들이 있다. 그러나 평가 시스템에는 분명한 한계가 있다.

앞에서도 살펴보았듯 기업이 자발적으로 공시한 자료에 의존하므로 그 객관성을 확신하기 어렵다는 점이 있고, 평가 시스템이 여럿일수록 살펴보는 정보나 분석 방법론이 달라 일관성도 기대하기 어렵다.[278] 더불어 평가에 지나치게 의존하게 되면 실질적인 개선보다 점수 상승에만 몰두하는 주객이 전도되는 상황이 나타나기도 한다.

무엇보다도 점수화하고 등급화하는 ESG 평가 방식은 그 숫자를 절대화한다는 점에서 한계를 내재한다. 지표는 절대적이지 않다. 말 그대로 지표, 가리키고 표시하는 것에 불과하다. 측정과 분류는 편의를 위한 임의적인 도구다. ESG 평가는 사회적 책임 투자의 관점에서 기업의 사회환경적 실적을 평가할 만한 정보를 제공하기 위해 등장했다.[279] 지속가능성처럼 자본주의의 폐해를 직면하고 해결책을 도모하기 위해 등장한 의제에 다시 자본주의적인 기준을 적용해도 될까? ESG 평가는 기업의 행동을 위한 가이드라인을 제시할 수는 있겠지만, 궁극적인 해결책은 아니다. 나이키가 좋은 점수를 받았다고 해서 실컷 구매할 것인가?

누가 행동해야 하는가

라나 플라자 사고 당시 『뉴욕타임스』는 공급업체의 관리에 소홀했던 패션 기업뿐만 아니라 값싼 패스트 패션 상품을 지나치게 좇는 소비자를 함께 지적했다.[280] 누군가 원하지 않았다면 기업도 생산하지 않았을 것이라는 논리다. 물론, 기업이 먼저 생산했기에 소비자가 원하게 된 것이기도 하지만, 누가 먼저였는지 따질 수 없는 일이다. 라나 플라자 사고에 소비자의 영향이 직접적이진 않지만, 분명히 존재한다는 것이다.

소비자에게 노력을 촉구하는 문구는 무수히 있어왔다. 사지 말라거나, 행동하라거나 하는 요청들 말이다. 소비자의 자발적인 노력도 많이 확인된다. 미니멀리즘이 라이프스타일로서 확산되면서 과소비에 반하고 적게 소비하는 사람들이 늘었다. 실천하는 방법도 여러가지인데, 일주일에 옷 다섯 벌로 버티는 캠페인을 진행한다거나 프로젝트333이라고 해서 3개월 동안 액세서리, 겉옷, 신발까지 포함해서 33개의 의류/잡화만 입기도 하고, 7×7 리믹스, 10×10 챌린지처럼 7일 동안 7개의 아이템을 돌려 입거나 열흘 동안 10개의 아이템만 돌려 입기도 한다. 또는 30일 동안 새로운 옷을 사지 않고 옷장 안에 있는 옷만 입는 캠페인도 있다. 최소한의 옷으로 돌려 입는 '캡슐옷장'은 트렌드처럼 등장하기도 했다.

그런데 행동하는 주체를 왜 '소비자'로 정의하는가? 이제 소비자는 시민과 중첩되는 시대이지만, 소비자라는 분류는 마치 생산자와 소비자를 온전히 분리할 수 있는 듯한 느낌을 준다. 생산자가 아닌 소비자는 생산활동을 하지 않는 존재인가? 기업 내부에 존재하는 무수히 많은 구성원들은 모두 소비자다. 생산으로부터 분리된 소비자는 소비로만 행동할 수 있는 소극적 존재가 되어버린다. 더군다나 "친환경 '소비'는 친환경이 아니다."[281]

그렇다면 지속가능성은 '시민'의 책임인가? 시민이 움직여야 한다는 말은 맞기도 하고, 아니기도 하다. 우리가 '그다지 필요하지 않은' 옷 한 벌을 마구마구 산다는 것은 곧 자원을 쓰고 버리는 인간중심적 구조에 가볍게 편승한다는 것이니까. 낭비는 조절 가능한 것이다. 더불어 수많은 개인이 기업을 이루고 있다는 점에서 시민 한 명 한 명의 관심은 기업의 변화로 이어질 수도 있다. 그러나 지속가능성을 시민의, 소비자의 욕망의 문제로 환원할 수도 없다. 정말 소비자의 절약으로 우리가 직면한 크나큰 문제를 해소할 수 있을까? 책임이 소비자에게 요구되고 전가되는 구조는 낯설지 않다. 왜일까. 소비자에게 소비는 조절 가능한 것이고, 기업의 이윤 추구는 조절 가능하지 않은 것인가? 기업의 이윤 추구가 국가의 경제 성장, 나아가 시민의 부까지 연결되기 때문인가?

과잉 생산에 대한 기업의 변명은 수요다. 수요가 많지 않다면 많이 생산할 일도 없다는 것이다. 그런데 수요 앞에 생산이 있다. 기업은 예측으로 생산하고, 또 소비를 유도하기 위해 치밀한 마케팅 전략을 사용한다. 우린 지금까지 가만히 두었다면 사지 않았을 물건을 얼마나 많이 구매해왔는가? 늘상 발생하는 재고는 어떻게 설명할 것인가?

생산 쪽으로 화살을 돌려보자. 그렇다면 패션 기업은 생산을 줄이기 위해 노력했을까? 지속가능성을 위한 패션 기업의 노력은 다양하다. 생분해 소재나 재활용 소재를 사용하기도 하고, 수선 프로그램을 도입하고, 헌 옷을 수거하고, 새로운 기술을 소개하기도 한다. 그러나 그 많은 노력 중에 생산량을 감축했다는 이야기는 거의 없다. 오히려 기업은 지속가능성을 도입하며 더 이익을 확보해간다. 혁신적인 환경 전략을 도입함으로써 매출을 높이고 경쟁 우위를 확보하며, 새로운 시장으로 뻗어나갈 수 있고, 기업의 영향력을 강화할 수도 있다.[282] 자본주의는 생태학적 노력 역시 자본 축적을 위한 수단으로 바꾸어 버린다.

책 『플라스틱 바다』는 기업들이 제조과정에서 나온 폐기물은 실컷 버리고, 제품을 판매한 이후엔 나 몰라라 하는 모습을 규탄한다.[283] 플라스틱 제품을 잔뜩 생산한 제조사는 제품의 폐기에 책임을 지지 않고, 소비자만이 세금을 들여가며 폐기물을 처리하고 있다는 것이다. 기업은 전략적으로 소비를 유도함으로써 자본의 지속적인 축적을 지향한다. 기업의 자본 축적은 재료의 취득과 폐기물의 처리를 자연에 의존하고 있기에 가능하다. 사업 운영의 사회적 비용*은 기업이 감당하지 않거나, 아주 일부만 감당한다.

이처럼 기업의 운영에는 금액으로 환산되지 않은 소모가 발생하고 있음에도, 소비자의 소비와 달리 기업의 이윤 추구는 좀 더 합리화되는 경향이 있다. 기업은 자본주의적 주체로서 본질에 충실하고 있을 뿐이라는 시각이 기저에 있다. 이것이 자본주의의 생태고, 받아들이지 못하는 사람이 현실성이 결여된 것처럼, 일종의 반동분자처럼 여긴다. 자본의 원리가 절대적일 경우 기업의 이윤은 불가침의 영역이다. 자본의 원리란 현대의 시장 경제에서 대체로 절대적으로 적용되는 개념이므로, 기업의 성장 역시 권장될 따름이다. 우리는 공적 영역과 달리 사기업에는 자본주의를 적용하며[284] 기업의 자본 증식을 이해하고 있다. 게다가 기업의 존립은 국가가 나서서 보장하기도

* 사회적 비용은 말 그대로 사회가 부담하는 비용을 가리키며, 사적인 경제활동이 제3자나 사회에 부정적인 영향을 미칠 때 사적 주체에게 책임지우기 어려운 경우 발생하는 손해나 손실을 뜻한다. 어떤 기업에서 폐수가 누출되었을 경우, 기업이 벌금을 낼 수도 있겠지만 그로는 해결되지 않는 사회환경적 영향이 있을 것이다. 이를 감당해야 하는 사회의 부담이 곧 사회적 비용이다.

한다. 공적 권력의 지원은 자본을 축적하기 위한 필수적인 토대다.[285]

따라서 기업이 움직이지 않고서는 변화하지 않을 테지만, 자본주의적 논리, 즉 이익과 자본 축적의 법칙으로부터 벗어나지 못한다면 기업의 움직임에는 근본적인 한계가 있을 것이다. 혁신적인 비즈니스 모델이 등장할 수 있을지언정 자본가 중심의 경제 구조는 변화하지 않을 것이다. 대안을 고민하고 실험해야 하는 주체를 소비자, 기업이라는 시장 행위자로 국한할 수 없다. 정부나 학계 등 사회의 여러 주체가 각자의 위치에서 상상력을 발휘하는 것이 필요하다.

누가 행동해야 하는가? 누가 노력해야 하는가? 사실 이 질문은 중요하지 않다. 어떤 관점에서 보느냐에 따라 책임은 개인일 수도, 기업일 수도, 정부기관일 수도 있다. 문제는 이 모든 주체가 정해진 관습에 영향을 받으며 학습된 대로 생활한다는 점이다. 중요한 건 각자의 위치에서 더 나은 방향을 상상하고 실현해보는 것이다. 모든 주체의 무수한 역할 속에서 가능한 노력을 고민한다면 어떤 대안을 발견할 수 있을까? 우리는 자본주의의 대안을 상상하고 구현할 수 있을까?

3장
패션은 무엇을 할 수 있는가?

◇◇◇◇◇ 패션의 일상성: 가벼운 참여의 유도 ◇◇◇◇

미국심리학회는 2017년 '기후 우울증'을 우울 장애의 일종으로 발표했다.[286] 기후 우울증은 기후 변화로 인한 불안, 스트레스, 무력감을 가리키는데, 이는 개인이 해결할 수 없는 거대한 문제에 직면했을 때 나타난다. 이와 함께 정신적 마비(Psychic Nimbing)가 언급되기도 한다. 기후변화에 대한 무감각한 반응을 설명하는데, 이는 해결할 수 없는 거대한 문제에 대한 심리적 방어 기제다. 환경 액티비즘은 윤리에 따른 죄책감을 유도하거나, 미래의 사태에 대한 두려움을 유발함으로써 행동의 변화를 이끌어내고자 하지만, 이러한 방식은 개인에게 무력감을 불러일으킨다. 무력감은 기후 위기에 효과적으로 대응하는 데 방해가 될 뿐이며, 개인 행동의 변화를 유도하는 데 장벽이 되고 있다.[287]

문제의 심각성을 인지하고 진지하게 접근하는 방식도 중요하지만 문제를 지나치게 크고 무겁게 인식하지 않고 가볍게 접근하는 방식도 필요할 것이다. 가벼운 변화를 다수가 만들어냈을 때의 변화를 기대하는 것이다. 기후변화라는 거대한 위기 앞에서 정신적 마비를 풀어줄 마사지가 필요하다. 여기서 패션의 관점은 또 다른 시각을 제공한다.

최근에는 패션을 사회 운동의 일환으로 활용하는 패션 액티비즘의 움직임이 나타나고 있다. 패션 액티비즘은 의류, 의류 산업을 중심으로 활동하는 움직임이기 때문에, 옷이라는 일상적 사물이 액티비즘의 매개체가 된다.[288] 패션은 대중의 주목을 끌고, 전 지구적 문제로 시야를 확장하며, 그에 대한 논의와 토론을 이끌어낼 수 있는 효과적인 커뮤니케이션 도구다. 패션 액티비즘은 다양한 형태로 나타나는데, 그중 주목하고 싶은 것은 일상적인 접근이 나타나는 움직임이다. 쇼핑을 줄이고 옷장 안의 옷을 열심히 활용하려고 노력하거나, 중고 거래를 시도해보거나, 직접 수선해보는 식이다.

혹자는 사회문제가 이렇게 심각한데, 소소하고 조그마한 움직임으로는 충분하지 않을 것이라 지적한다. 하지만 역사적으로 변화해온 사회운동의 궤적을 그려보면, 제도적인 운동에서 비제도적인 운동으로, 정치적 범주에서 일상적 범주로, 공적인 문제에서 사적인 문제를 포함하는 방향으로 확장되어 왔다. 그중에서도 라이프스타일 운동이라는 개념이 있는데, 개인의 일상적 선택을 정치적 범주로 포함시키며 일상과 정치의 구분을 탈피하는 운동을 설명한다. 개인의 일상적인 행위는 사회문화적 의미를 반영하고 개인의 정체성을 표현하기 때문에, 단순한 순응에 그치지 않고 작고 미세한 저항의 형태를 띨 수 있다.[289] 이러한 맥락에서 라이프스타일 운동은 가치관에 따라 일상적인 습관과 생활 방식을 조정함으로써 더 넓은 수준에서 변화를 만들어낼 수 있다고 믿는다.[290]

패션 액티비즘은 옷을 매개로 행동을 유도하기 때문에 일상과 정치의 경계에 있다. 즉 패션 액티비즘의 가능성은 자신이 정치나 운동(movement)과는 관련이 없다고 생각하는 사람들까지 끌어들일 수 있다는 것에 있다. 작고 일상적인 행동이므로, 사회 문제에 관심이 많거나 스스로를 통제할 수 있는 사람이 아니어도 누구나 참여할 수 있다. 일상적인 일을 사회 변화를 추진하는 행위로 변환할 수 있으며, 정치와 거리가 먼 사람들을 동원하는 데 효과적인 방법이다.[291] 이렇게 접근성을 낮추고 참여의 범주를 펼쳐냄으로써 작은 행동을 많이 모아 태산 같은 변화를 유도할 수 있다.

연구를 위해 의류 관련 비영리단체에서 일하는 분들을 만나 뵈었던 적이 있다. 이분들은 굳건한 마음으로 작은 변화를 기대하고 신뢰하고 있었다. 개인 한 명의 행동으로 무엇이 달라질지 그 한계와 회의에 갇혀 있던 내게 작은 해답을 주었다. 이분들은 채식을 시도해보는 사람이라면 물건을 아낄 줄도 알 것이라며 일상을 관통하는 라이프스타일의 힘을 믿었다. 한 명 한 명의 연결을 통해 작은 물결이 확산되는 힘을 믿었고, 최소한 무언가를 시도하고 있는 자신의 힘을 믿었다.

이슬아 작가는 『날씨와 얼굴』에서 '어차피'와 '최소한'의 싸움이라고 말했다. "어차피 세상은 변하지 않는다고 말하는 이들과 그래도 최소한 이것만은 하지 않겠다고 말하는 이들"을 구분하는 글을 보고 결론을 내렸다. 우리 모두 회의감에 짙게 젖어 있지만, 그럼에도 불구하고 포기하지 않고 시도하는 것이 우리가 해야 할 일이라고. 수용하는 것보다는 발버둥 치는 것이 정답이었다.

패션은 그 '최소한'의 물꼬를 터주는 역할을 할 수 있다. 이미 액티비즘 단체 멸종 저항(Extinction Rebellion)은 패션의 힘을 인식하고 적극적으로 활용한다. 2019년에는 패션 위크가 열리는 거리에서 시위와 퍼포먼스를 진행했고, 패션 산업을 중심으로 한 이니셔티브(Fashion Act Now)를 수립하면서 미래 사회와 기후 위기에 관한 논의를 이끌어내고 있다.[292] 패션의 대중적인 성격을 통해 영향력을 확대하고자 하는 전략이다. 패션은 확산을 위한 탁월한 방법이다. 물론, 패션이 일으킨 확산 그다음의 고민도 중요할 것이다. 관심의 유도와 확산 이후, 어떻게 실질적인 변화로 이끌어낼 것인가. 작지만 무수한 참여를 어떻게 구조의 개선까지 연결지을 것인가.

◇◇◇◇◇ 패션의 유연성: 다양성 개념의 대안 ◇◇◇◇

프롤로그에서도 언급했듯이 패션은 앞서 있는 분야다. 실제로는 앞서 있지 않더라도, 앞서 있다는 이미지를 형성하는 것이 너무나 중요한 분야다. 패션의 본질이 유행, 트렌드이기 때문이다. 그런 점에서 패션 업계는 사회의 흐름을 읽어내고 그 위에 빠르게 올라타 선두를 점하는 것에 익숙하다. 전 세계적으로 지속가능성과 다양성 같은 사회적 화두가 중요해지면서 패션 업계도 발 빠르게 움직였다. 그래서 다양성을 배우기 시작할 때, 패션은 꽤나 앞서 있을 거라고 기대했다. 런웨이에서 흑인이나 아시안도 심심찮게 보이고, 플러스사이즈 모델도 함께 등장한다는 점을 떠올렸다. 하지만 뜯어보니 패션 업계의 다양성은 내실이 없었다. 세상의 차별적인 기준으로부터 절대 자유롭지 못했고, 오히려 '토크니즘'이라는 방법으로 다양성을 표면적으로 이용했다. 이는 패션 업계가 기본적으로 자본주의에 바탕을 두고 있기 때문이기도 하지만, 다양성과 포용성이라는 개념이 그 자체로 한계를 지니기 때문이기도 하다.

물론 아직까지 다양성과 포용성은 현대 사회에서 더 적극적으로 논의되어야 하는 개념이다. 특히 우리나라에서 더욱 그렇다. 포용성 개념은 다양성이 존중받을 만한 사회 시스템을 구성하기 위해 제도적인 실천을 강조하기 때문에 그 중요성이 높다. 예를 들어 런웨이에 장애인을 등장시키는 것뿐만 아니라,

어떤 장애인도 쉽게 오갈 수 있도록 '배리어-프리'가 보장된 장소를 마련하는 것이다. 이런 적극성이 아직 우리에겐 많이 부족하다.

그럼에도 소수자와 약자에 관한 논의는 다양성과 포용성에 멈춰서는 안 된다. 상술했듯 다양성과 포용성 개념에는 본질적으로 한계가 있기 때문이다. 세 가지 질문으로 설명할 수 있다. 1) 다양성을 존중하고 포용하는 주체는 누구인가? 2) 다양성은 어떻게 존중받고 어디로 포용되는 것인가? 3) 존중과 포용 이후에는 어떻게 되는가? 이 질문에 답하다 보면 다양성과 포용성이 권력적인 위계질서 내부에서만 작용한다는 사실을 알 수 있다. 존중과 포용의 주체는 기득권층이고, 존중받고 포용되는 곳은 주류의 위계질서 내부이며, 존중과 포용 이후에도 약자와 소수자를 가르는 위계에는 변함이 없다. 다양성은 본질적으로 제도에 내재되어 있고, 그룹 간 불평등과 연결된 개념이다.[293]

따라서 다양성 다음의 논점으로 제시하는 개념은 '횡단성(transversality)'이다. 횡단성은 페미니즘에서 여성의 연대를 추구하기 위한 방안으로 논의되었다. 페미니즘은 여러 인종과 계급, 정치문화적 배경을 가진 여성을 어떻게 함께 연대하게 할 수 있는지 오랫동안 고민해왔다. 페미니즘 운동은 중산층 백인 여성 중심으로 진행된다는 비판을 받아왔고, 페미니즘 진영 내부에서도 인종과 계급에 따른 위계질서가 반영되는 문제가 있었기 때문이다. 이에 1980년대부터 페미니스트는 젠더, 민족,

인종, 계급, 섹슈얼리티가 교차되는 여성의 삶에 대해 주목했고, 각자 갖고 있는 차이에 의해 분열되지 않는 동시에 함께 투쟁할 수 있는 방법을 고민하기 시작했다.[294] 각 여성들이 가지는 차이를 묵살하지 않고 수용함으로써 집단을 이루는 방법을 추구해야 했다. 니라 유발-데이비스(Nira Yuval-Davis)의 '횡단의 정치' 모델은 여성이 각자의 차이를 아우르면서 연대할 수 있는 방안 중 하나로 언급됐다.[295]

횡단의 정치는 대화를 중시한다. 대화는 참여자들의 구체적인 입장을 이해하면서 우리가 알고 있는 지식이 완결되지 않았다는 사실을 인식하는 행위다.[296] 이를 통해 지식 바깥으로 밀려난 것들을 수용할 가능성이 열린다. 예를 들어, 남자와 여자를 구분하거나 인종을 분류하는 지식 체계가 절대적이지 않다는 것을 알아차리고, 범주 바깥 또는 범주의 경계에 위치한 존재를 응시하는 것이다. 누군가는 남자도 여자도 아닐 수 있다. 개인은 '흑인'이거나 '여성' 등으로 집단을 대표하는 존재처럼 나타나지 않고, 임시로 그 집단을 대변할 뿐이다. 내가 주목하고 싶은 횡단성 개념의 의미는, 집단을 가르고 분류하는 이름이 절대적이지 않다는 걸 일깨우는 점이다.[297]

눈에 띄는 브랜드가 있다. 크로맷(Chromat)이라는 수영복 브랜드인데, 인종은 물론 다양한 신체 사이즈와 성소수자들을 아우른다. 크로맷의 2022 spring 레디투웨어 런웨이에서 백인이라고 할 만한 모델은 두 명뿐이었고, 흑인, 라틴계, 아시안 등 다양한 인종이 있었다. 모든 모델이 다르게 생긴 나머지 인종의 구분이 무의미했다. (**모델의 신체도 스몰부터 미디움, 라지, 엑스라지, 투엑스라지 등등 사이즈 표로 분류할 수 없는 다양한 체형과 형태, 크기였다.**) 심지어 여성 수영복 하의에 공간을 만들어서 트랜스젠더가 입을 수 있는 디자인을 발표하기도 했다. **상체는 여성, 하체는 남성인 듯한 몸도 보였다.** 그러니까 이 브랜드에서 등장하는 사람들의 모습은 사람을 나누는 일반적인 경계 위에 있었다.

크로맷의 '다양성'에는 타 브랜드와 다른 점이 있다. 주류 사회에 소수자를 편입하고 포함하는 방식이 아니라, 여러 특징이 뒤섞인 주체가 공존하는 모습이 드러난다는 점이다. 크로맷은 사람이 칸칸이 구분된 표 위에 분류되어 있는 것이 아니라 경계 위나 바깥에도 존재한다는 것을 보여주었다. 횡단성 개념이 떠오르는 모습이다. 단순히 런웨이에 다양한 인종의 모델과 소수자를 등장시키는 것으로는 도달할 수 없는 지점이다. 런웨이에 등장하는 모델의 다양성은 패션 업계의 다양성 수준을 대변하지 못한다. 소수자가 소수로 등장하는 방식은 소수자의 위치를 더욱 견고하게 만들 뿐이다. 패션 산업의 다양성은 아직 한계가 많다.

인종과 노동과 자본주의에 대한 강연을 한 적이 있다. 강연 끝에 누군가가 물었다. 질문을 정확하게 떠올릴 수는 없지만, 차별과 불평등이 만연한 이 사회의 근본적인 원인이 무엇이라고 생각하냐는 물음이었다. 내 머릿속엔 단 한 가지가 떠올랐다. 분류와 구분이었다. 분류와 구분은 너무나 임의적이고 일방적인데도 절대적인 것처럼 여겨진다. 예외가 분명히 발생하지만 예외를 상상하는 것 자체를 차단한다. 그뿐만 아니라 분류하는 순간 분류된 것들 사이에 위계가 발생한다. 땅따먹기에서는 독식하는 누군가가 생기기 마련이고, 한번 그어진 선은 쉽게 지워지지 않는다. 퀴어의 소외는 성별이 둘로 분류되었기 때문이고, 여성이 겪는 차별 역시 성별이 둘로 구분되었기 때문인 것이다. 분류가 불필요하다는 것이 아니라 분류가 절대적이라고 믿는 것을 지적하는 것이다. 앞에서도 언급했듯 『물고기는 존재하지 않는다』라는 책에서도 분류야말로 위계와 차별을 생산하는 근본적 원인이었다. 인간의 자의적인 기준으로 생물을 분류하는 방식은 인류까지 일방적으로 분류하는 결과를 낳았다. 우생학이라는 이름으로 우월한 인간과 그렇지 못한 인간을 구분하며, 후자를 차별하고 도구처럼 취급했다. 그렇기에 우리는 횡단을 논의해야 한다. 경계를 벗어나고 극복하는 법을 궁리해야 한다. 횡단성 역시 최종 목적지일 리 없지만, 우리가 주목해야 하는 관점임은 틀림없다.

퀴어나 장애, 여성 등 소수자를 위한 사회나 지속가능한 사회를 이야기할 때면 '상상력'이 요구되곤 한다. 기존의 시스템으로는 이 주제들을 '포용'하는 데 한계가 있기 때문이다. 위계를 전복하기란 쉽지 않고, 전복으로 또 다른 수직적 구조를 생산하는 것은 소수자 정치의 목적이 아니다. 기존의 시스템을 유지하는 상태에서 지속가능성을 논하는 것은 본질적인 한계를 안고 있다. 즉, 우린 지금까지 우리가 경험하지 못했던 대안적인 사회 구조를 상상해야 하는 것이다. 이때 패션 산업이 낯선 삶을 수용하고 상상력을 동원하는 데 앞장설 수 있길 바란다. 패션은 분류와 구분과 기준이 무의미하다는 것을 안다. 그렇지 않다면 경계를 횡단하고 전복하는 패션의 시도가 이토록 다양했을 리 없다. 패션은 한 개념을 단정 지을 수 없다는 것을 보여주고, 미스매치, 탐색, 규범에 대한 저항의 과정을 따른다.[298] 패션은 새롭기 위해서라도 선을 넘나들어야 했다. 당신은 패션을 동경하는가? 패션을 좋아하는가? 패션의 유연성을 받아들인다면 어떤 견고한 기준과 틀에 제한될 수 없다. 대안적인 논의가 활성화되고, 관습과 질서를 비트는 여러 시도가 더 많이 나오길 기대한다.

◇◇◇◇ 패션의 대중성: 모두와 함께하는 대화 ◇◇◇

경제적 불평등이 심화되고, 심각한 기후변화로 모든 것이 불확실하고 위협적인 이 시대. 패션이라는 화려하고 사치스러운 분야를 공부하는 사람으로서 고민이 많다. 짙은 상업성을 기반으로 지속가능성과는 거리가 먼 패션을 들여다보는 것이 과연 시기적으로 중요한 일일까 하는 의문을 지울 수 없다. 패션이 할 수 있는 사회적 역할은 없을까? 생분해 가능한 소재를 사용하거나 순환 시스템을 만드는 것처럼 패션 내부의 생산방식을 개선하는 것 말고, 패션이 패션 바깥에 영향을 끼치고 세상에 기여할 수 있는 방법은 없을까?

얼마 전 별세한 세계적인 디자이너 비비안 웨스트우드를 떠올려보자. 비비안 웨스트우드는 환경과 사회적 이슈에 관심이 많았고, 기존의 소비 방식을 비판했다. 이에 '적게 사고, 잘 선택해서, 오래 입자'는 슬로건을 통해 양질의 제품을 만드는 생산자의 책임 또한 강조해왔으며, 다양한 기후 시위에 앞장섰다. 하지만 그가 뿌리를 두고 있는 분야는 패션 산업, 전 세계에서 지속가능하지 않기로 유명한 분야다. 팽배한 과소비, 과열된 생산으로 쌓이는 재고, 매일 대량으로 버려지는 폐기물, 합성 섬유로 인한 미세플라스틱, 개발도상국 공장에서 자행되는 인권침해. 비비안 웨스트우드는 왜 자신의 가치관과 전혀 다른 패션 산업에 계속 몸담고 있었을까? 왜 모순을 떠안고 지속가능성에 대한 이야기를 멈추지 않았을까?

비비안 웨스트우드는 알았던 것이다. 패션을 활용하는 것이 화두를 던지고 균열을 일으키기에 효과적이라는 것을. 이미 1970년대 펑크 흐름에 앞장서며, 저항의 메시지가 시대를 풍미하고 럭셔리 패션의 견고한 위계질서를 흐트려놓는 과정을 경험했다. 그래서 그는 자신이 가진 모든 매체를 활용해 기후변화 대응에 대해 외쳤다. 컬렉션에는 정치적 무관심을 비판하는 문구를 담았고, 패션쇼에서는 'Climate Revolution(기후혁명)'을 외쳤으며, SNS에는 생태계 파괴를 경고하는 영상을 올렸다. 비비안 웨스트우드를 아는 모든 소비자가 그의 메시지를 들었고, 언론에서도 그의 메시지를 담았다. 비비안 웨스트우드는 패션 브랜드로서 가진 영향력을 정치적 행동에 활용해온 것이다. 패션은 하나의 메시지를 전 지구적으로 전달하고, 개개인의 의견을 촉발할 수 있는 영향력을 가졌다.

그렇다면 패션은 더 나은 세상을 위해 무엇을 할 수 있을까? 패션이 가진 힘은 두 가지로 정리할 수 있다. 첫째, 새로움을 추구하는 열린 사고방식이다. 패션은 언제나 도전적인 질문을 던졌고, 그래서 인식의 변화를 이끌어온 분야다. 정치적 상황을 반영하고, 기존의 사회적 기준과 관습적 정의를 비판했다. 아름다움의 기준을 뒤집거나, 젠더 구분을 들여다보거나, 다양성에 대해 고민한 것처럼. 또 창의적인 사고를 바탕으로 세상을 바라보는 새로운 관점을 담아내왔다. '어항 장갑'이라는 아이디어로 해양환경 문제에 관심을 유도한 보터

(Botter)의 2023 봄 컬렉션이나, 온라인과 오프라인의 경계를 표현한 로에베(Loewe)의 2023 봄 컬렉션을 생각해보자. 패션은 현재의 문제를 꼬집고, 미래의 시각을 제시한다.

둘째, 패션은 많은 사람들의 시선을 이끄는 영향력을 가졌다. 패션 산업 소비자라는 네트워크는 방대하다. 더불어 패션이 사용할 수 있는 소통 창구는 비비안 웨스트우드가 활용했던 것처럼 컬렉션, 패션쇼, SNS, 잡지나 기사와 같은 언론까지 다양하다. 특히 미디어의 발달로 패션쇼와 트렌드 정보가 개개인에게 빠르게 전달되며, 패션 아이디어에 대한 다양한 관심, 반응, 대화가 촉발된다. 각자의 의견이 해시태그 등을 통해 하나의 주제로 수렴될 수도 있다.

아이디어도 있고, 사람도 있고, 심지어 자본도 있다. 패션이 지속가능한 사회를 위해 나선다면, 어떤 방법이 있을까? '사회적 대화(social conversation)'라는 개념이 있다. 지속가능한 디자인으로 유명한 에치오 만치니는 더 건강하고 평등한 디자인을 위해 '사회적 대화'를 강조한다.[299] 문제 해결이라는 공통의 목표를 공유하고, 새로운 방법을 모색하기 위해 각자의 지식과 능력을 활용해 함께 고민하는 과정에서 효과적인 대안이 나온다는 것이다. 이때 대화는 사람들이 함께 협력하고 행동하기 위한 열쇠다.

패션은 사회적 대화를 열고 이어가기에 효과적인 분야다. 새로움을 추구하는 패션의 본질적인 특성과 폭넓은 영향력이 만나면, 사회적 대화를 촉발하고 확장시키기 위한 조건이 갖춰지기 때문이다. 창의적인 사고방식, 미래를 바라보는 새로운 아이디어, 그리고 패션에 주목하는 소비자들의 네트워크. 준비물은 충분하다. 그런데 대화는 충분한가? 보터의 컬렉션을 보고 해양 문제에 대한 논의가 충분히 이어졌는가? 로에베는 온라인과 오프라인이 뒤섞이는 세상에 대해 어떤 담론을 이끌었는가? 런웨이 다음, 그 시간과 공간엔 어떤 대화가 있는가? 런웨이는 정말로 트렌드로서 소비될 수밖에 없을까?

지금까지의 패션이 질문을 던지고 이야기의 물꼬를 텄다면, 이제는 그다음 단계, 이야기를 어떻게 이끌어갈 수 있을지 생각해보아야 한다. 사회적 대화를 앞장서서 만들어가야 한다는 뜻이다. 일방향의 아이디어 제시가 아닌, 쌍방향의 소통을 활성화하는 것이다.

다소 알쏭달쏭하게 비춰지는 패션 컬렉션을 두고 치열한 소통이 끓었으면 한다. 패션 필름 전문 기업인 쇼 스튜디오(Show Studio)에서는 다양한 패션 산업 종사자들과 함께 패널 토론을 진행한다. 쇼 스튜디오처럼 패션 브랜드를 중심으로 다수의 소비자들과 함께 대화할 수 있는 공간이 생겨나길 바란다. 구찌가 주축이 되어 알레산드로 미켈레가 정의하는 젠더의 경계에 대해 함께 이야기를 나눌 수 있다면, 샤넬과 디올이 여성성에 대한 논의를 이끌어간다면 얼마나 심도 있는 토론이 가능할까? 패션 브랜드가 던지는 대화에 직접 참여할 기회가 마련되고, 이를 통해 얕고 깊은 담론이 활발히 생겨나길 바란다.

다수의 패션 브랜드들은 젠더, 소수자, 지속가능성 등 정치적, 사회적 주제에 참여해왔다. 하지만 동시에 사회 트렌드에 따라가기 위한 수단으로 활용했다는 지적이 있었다. 패션 브랜드가 자신이 표현한 정치적 주제에 대해 직접 대화를 이끌어간다면, 더 나은 세상을 위해 함께 고민하는 태도로 인해 보여주기식이라는 논란을 어느 정도 해소할 수 있지 않을까. 브랜드에서 주도하는 활동에 소비자의 참여를 유도하고 이야기를 나누면서 브랜드에 대한 이해도 또한 높일 수 있을 것이다. 또한, 브랜드는 다양한 소비자들의 논의를 통해 지속가능한 발전을 위한 새로운 대안과 사례들을 도출해갈 수 있을 것이다.

패션이 메시지를 투영하고 논의를 촉발하는 방식은 예술의 방식과 닮아 있다. 특히 예술적 표현을 전유하려는 럭셔리 패션 브랜드의 노력과, 럭셔리 패션 브랜드가 갖는 인지도와 메시지 전달력 덕분에 질문을 던지고 상식을 부수려는 패션의 시도가 더 많은 사람들한테 닿을 수 있게 되었다. 하지만 패션이 예술과 다른 것은 '소비자'라는 이해관계자가 있다는 사실이다. 소비자는 감상자보다 더 적극적으로 행동할 수 있는 잠재적 참여자다. 이들은 패션에 대한 관심을 증명하고 싶어 하고 구매까지 이어지는 직접적인 동인을 갖고 있기 때문이다. 이 잠재적 참여자들의 실질적 참여를 이끌어낸다면 어떤 변화를 만들어낼 수 있을지 궁금하다.

『뉴욕타임스』의 한 기사는 "패션은 항상 미안한 위치였다"고 말했다.[300] 중대한 글로벌 위기 앞에 불필요하고 중요하지 않은 제품을 생산하는 분야이기 때문이다. 그런 패션이 세상에 기여할 수 있는 일은 지금까지 패션이 잘 해왔던 것에 답이 있을지도 모른다. 질문을 던지고, 대화를 촉발하는 것.

패션은 어느 분야보다 앞장서서 현재를 빠르게 반영한다. 중요한 사회적 메시지를 알리고 대화를 시작해야 하는 분야를 말한다면 단연 패션이어야 한다. 관습적인 사고를 탈피하고 새로운 시도가 활발히 수용되며, 많은 사람들의 주목을 이끌어내며 다양한 반응을 일으킬 수 있는 분야. 패션 산업에서, 패션 브랜드가, 사회적 담론 형성에 앞장선다면 우리는 얼마나 다채로운 논의를 목격할 수 있을까?

에필로그

사회문제를 고민하다 보면 딜레마에 어쩔 줄 모르는 순간을 마주한다. 지속가능성을 위한 움직임은 어떤 관점에서 보느냐에 따라 진심 어린 노력이 될 수도, 타협에 안주하는 그린워싱일 수도 있다. 사회 변화를 요구하는 목소리는 지나치게 낙관적이고 비현실적일 수도 있고, 설령 현실적이더라도 실질적인 변화를 가져오지 못할 수도 있다. 이미 기업은 규모를 키운 지 오래고, 생계가 얽힌 노동자도 많다. 우리는 기업의 폐업을 주장해야 하는가? 자본주의의 삭제를 추구해야 하는가? 물론 실현된다면 지금 직면한 많은 문제가 사라지겠지만, '없앤다'는 건 비현실적인 접근임을 우리 모두가 알고 있다. 구조적 변혁은 정말로 가능한 것인가? 무엇을 더 이야기할 수 있을까? 이미 나는 지금까지 쓴 글들에서 이러지도 못하고 저러지도 못하며 질문만 남기곤 했다.

그러나 이 딜레마야말로 세상의 본질이며, 딜레마 속에서 여러 지점들을 동시에 조금씩 저울질하며 균형을 맞추는 것이야말로 정답일지 모르겠다. 찬반으로는 현상을 설명할 수 없다. 찬반 바깥, 수많은 다면적인 이야기가 있다. 나는 여러 글들을 통해 패션의 다면성을 말하며 세상의 다면성을 말하고 싶었다. 다른 것들이 사실은 다르지 않다는 것, 같은 것들이 사실은 같지 않다는 것, 분리된 것들이 사실은 분리되지 않았다는 것….

패션이 말할 수 있는 건 이런 것들이다. 종종 애써 스타일링한 옷이 막상 밖에 나가면 톤이 맞지 않거나 맵시가 좋지 않아 하루 종일 거슬릴 때, 가장 위안이 되는 명제는 패션에 정답이 없다는 것이다. 톤을 맞춰야 한다는 법칙도 없고, 맵시의 좋고 나쁨 역시 정해진 것이 없다. 프라다는 못생김(ugliness)을 내세웠다. 기상천외한 시도를 하는 뎀나 바잘리아의 발렌시아가를 보라. 패션의 자유는 규범으로부터의 해방이자 탈출을 전제한다. 그렇게 만들어진 틈새 속에서 우리는 새로운 삶의 방식을 상상할 수 있다. 이것이 패션이 가져오는 가능성이다. 패션에서 역시 양가적인 특징들이 공존하는 모습을 살펴보면 놀라움을 느낀다. 아니, '양가성'으로도 부족한 복잡하고 다면적이고 다층적인 면모가 있다.

패션의 다면성을 여러 사례로 둘러보며 세상은 여러 방향의 팽팽한 줄다리기로 지속됨을 알 수 있었다. 흑백도 선악도 없는 세상, 나쁜 게 있다면 계속해서 중심부로만 수축하는 자본의 방향이랄까? 어쨌든 다양성과 지속가능성, 그 외의 모든 사회적 의제에 대한 논의도 다면성을 끌어안길 제안한다. 우린 이런 것들을 이야기해야 한다. 현실과 타협하되 타협하지 않고자 노력하는 수많은 줄다리기를 통해 길고 긴 탐구가 시작되길 바란다. 물론 그 탐구를 지속하기 위해 필요한 끈기, 어떤 소수자의 현실을 알기 위한 실질적인 고민은 패션의 범주 바깥에 위치하겠지만, 우선 딜레마를 직시하고 수용할 사고방식의 기틀을 마련해준다는 점에서 패션은 주목할 만하다.

주

1 M. R. Melchior, "Catwalking the Nation: Challenges and Possibilities in the Case of the Danish Fashion Industry", *Culture Unbound*, Vol.3, 2011, pp.55-70.

2 탠시 E. 호스킨스, 김지선 역, 『런웨이 위의 자본주의』, 문학동네, 2016, 24쪽.

3 M. E. Roach-Higgins, & J. B. Eicher, "Dress and Identity", *Clothing and Textiles Research Journal*, Vol.10, No.4, 1992, pp.1-8.

4 T. Werner, "Preconceptions of the Ideal: Ethnic and Physical Diversity Fashion", *Cuadernos del Centro de Estudios de Diseño y Comunicación,* No.78, 2020.

5 A. Jordens, & S. Griffiths, "Sexual Racism and Colourism Among Australian Men Who Have Sex with Men: A Qualitative Investigation", *Body Image*, Vol.43, 2022, pp.362-373.

6 A. M. Landor, & S. M. Smith, "Skin-Tone Trauma: Historical and Contemporary Influences on the Health and Interpersonal Outcomes of African Americans", *Perspectives on Psychological Science*, Vol.14, No.5, 2019, pp.797-815.

7 African American Museum of Iowa, "The History of Hair", https://blackiowa.org/digital-resources/utrdigitalexhibit/history-of-hair/#colonialism-hair-and-enslavement

8 Economic Policy Institute, "The CROWN Act – A Jewel for Combating Racial Discrimination in the Workplace and Classroom", 2023. 7. 26.

9 B. T. Summers, "Race as Aesthetic: The Politics of Vision, Visibility, and Visuality in Vogue Italia's 'A Black Issue'", *QED: A Journal in GLBTQ Worldmaking*, Vol.4, No.3, 2017, pp.81-108.

10 BBC, "Zendaya: 'I'm Hollywood's acceptable version of a black girl.'", 2019. 4. 24.

11 S. Busari, “Is British Vogue’s latest cover the best way to celebrate Black beauty?”, CNN, 2022. 1. 21.

12 S. Busari, 같은 글.

13 Zippia, “Runway model demographics and statistics in the US”, 2021.

14 탠시 E. 호스킨스, 김지선 역, 『풋 워크』, 소소의책, 2022, 70쪽.

15 N. Chitadze, “The Global North-Global South Relations and Their Reflection on the World Politics and International Economy”, *Journal of Social Sciences*, Vol.8, No.1, 2023, pp.42-51.

16 알렉스 캘리니코스, 차승일 역, 『인종차별과 자본주의』, 책갈피, 2020.

17 낸시 프레이저, 장석준 역, 『좌파의 길: 식인 자본주의에 반대한다』, 서해문집, 2023.

18 A. Sullivan, “Britain’s ‘Dark Factories’: Spectators of Radical Capitalism Today”, *Fashion Theory*, Vol.26, No.4, 2022, pp.493-508.

19 정봉비, “노동 착취 산물 ‘디올백’…원가 8만원을 300만원에 팔아”, 『한겨레』, 2024. 6. 14.

20 안혜원, “‘원가 8만원’ 디올의 뒤통수…“모조리 불매” 터질 게 터졌다”, 『한국경제』, 2024. 6. 17.

21 정봉비, 같은 글.

22 이미나, “‘리사 남친 父’ 베르나르 아르노, 세계 최고 부자 등극 비결은”, 『한국경제』, 2024. 4. 9.

23 안혜원, 같은 글.

24 R. Vaidyanathan, “Indian factory workers supplying major brands allege routine exploitation”, BBC, 2020. 11. 16.

25 낸시 프레이저, 같은 책.

26 E. Brooke, “Why diversity on the runway matters”, Fashinista, 2014. 4. 12

27 L. Maguire, M. Shoaib, E. Benissan & M. Schulz, “The Vogue Business Spring/Summer 2024 size inclusivity report”, Vogue Business, 2023. 10. 9.

28 S. Sitton, “Size inclusivity is just fashion’s latest fad, says spring 2022’s plus-size models”, Editorialist, 2022. 1. 18.

29 R. Cohen, L. Irwin, T. Newton-John& A. Slater, “#Bodypositivity: A Content Analysis of Body Positive Accounts on Instagram”, *Body Image*, Vol.29, 2019, pp.47-57.

30 S. D. Biefeld& C. S. Brown, “Fat, Sexy, and Human? Perceptions of Plus-Size Sexualized Women and Dehumanization”, *Body Image*, Vol.42, 2022, pp.84-97.

31 박용주, “선진국서 두 번째로 날씬한 한국…성인 비만율 미국의 1/7”, 『연합뉴스』, 2022. 1. 29.

32 S. Sreenivas, “What Is Body Neutrality?”, WebMD, 2023. 1. 20.

33 The Economist, “The economics of thinness”, 2022. 12. 20.

34 The Economist, 같은 글.

35 박상언, 「19세기 미국 사회의 의학 담론과 몸의 성격 – 새뮤얼 톰슨과 실베스터 그레이엄을 중심으로」, 『종교연구』 제78권 2호, 2018, pp.139-168.

36 N. Wolchover, “The real skinny: Expert traces America’s thin obsession”, Live Science, 2012. 1. 27.

37 강미영, 「노인혐오에 대한 인문학적 분석과 대응」, 『횡단인문학』 제12권, 2022, pp.31-55.

38 장상철, 「신자유주의 시대 한국사회에서의 감정의 문화정치와 노인 혐오」, 『사회와 이론』 제47권, 2024, pp.241-265.

39 하홍규, 「배제된 죽음, 가치 상실, 노인 혐오」, 『사회이론』 제62권, 2022, pp.107-136.

40 A. Eser, “2020 Modeling industry statistics: A $5.6 billion global market”,

Worldmetrics, 2024. 7. 23.

41 My Model Reality, “What is runway modeling?”, 2023. 2. 27.

42 P. Jobling, P. Nesbitt, & A. Wong, *Fashion, Identity, Image*, Bloomsbury, 2022.

43 J. Twigg, “How Does Vogue Negotiate Age?: Fashion, the Body, and the Older Woman”, *Fashion Theory*, Vol.14, No.4, 2010, pp.471-490.

44 P. Jobling et al., 같은 책.

45 J. Twigg, *Fashion and Age: Dress, the Body and Later Life*, Bloomsbury Academic, 2013.

46 D. C. Lewis, K. Medvedev, & D. M. Seponski, “Awakening to the Desires of Older Women: Deconstructing Ageism Within Fashion Magazines”, *Journal of Aging Studies*, Vol.25, No.2, 2011, pp.101-109.

47 강초롱, 「만들어진 노년의 불행: 시몬 드 보부아르의 『노년』 읽기」, 『인문학연구』 제36권, 2021, pp.3-36.

48 E. Paton, “‘Age is not a problem’”, The New York Times, 2024. 3. 12.

49 J. Twigg, 같은 책.

50 M. C. Schimminger, “Report: Racial, size and gender diversity up as age representation drops at Fashion Month Fall 2022”, The Fashion Spot, 2022. 3. 22.

51 M. C. Schimminger, 같은 글.

52 김동현, 『MUT: Street fashion of Seoul』, 미화출판사, 2022.

53 M. Andrews, “The Seductiveness of Agelessness”, *Ageing and Society*, Vol.19, 1999, pp.301-318.

54 김재경, 신시아, “예쁘고 멋있는 옷? 입기라도 쉬웠으면…”, 『단비뉴스』, 2021. 3. 1.

55 이효정, “이베이코리아, 장애인-비장애인 경계 없는 ‘유니버설디자인 의류’ 선봬”,

『녹색경제신문』, 2018. 12. 10.

56 B. Webb, “Tommy Hilfiger ramps up adaptive fashion. Who’s next?”, Vogue Business, 2021. 3. 22.

57 A. Curteza, V. Cretu, L. Macovei, & Marian Pobroniuc, “Designing Functional Clothes for Persons with Locomotor Disabilities”, *AUTEX Research Journal*, Vol.14, No.4, 2014, pp.281-289.

58 S. Thomas, “Fashion styling for people with disabilities”, Youtube, 2016, https://www.youtube.com/watch?v=B_P9pu8gytI

59 한국장애인개발원, 「“패션은 자신을 표현하는 수단”: 장애 패션 스타일리스트 ‘스테파니 토마스.’」, 『디딤돌』 제270권 1호, 2019, pp.22-23.

60 FromA, “다양성에서 포용성으로”, 2021. 6. 30.

61 보건복지부, “2023년 등록장애인 264만 2,000명, 전체 인구 대비 5.1%”, 2024. 4. 18.

62 서인환, “밀로의 비너스에 대한 장애학적 해석”, 에이블뉴스, 2022. 6. 3.

63 Dazed, “Access-Able”.

64 R. Charles, “Hugh Hefner and Playmate Ellen Stohl talk with Chet Cooper”, Ability Magazine Archives, 1995.

65 R. Charles, 같은 글.

66 안진국, “아름다운 장애(障礙)…조금 불편한 것일 뿐”, 『중기이코노미』, 2016. 9. 5.

67 J. Derby, “Enabling Art History: Critical Writings on Disability Themes in Contemporary Art”, *Disability Studies Quarterly*, Vol.31, No.1, 2011, p.6.

68 Nobo Art District, “East window presents: Chun-Shan (Sandie) Yi’s “Crip Couture”.”, 2020. 12. 19.

69 V&A 박물관, “Prosthetic legs”, https://www.vam.ac.uk/museumofsavagebeauty/mcq/prosthetic-legs/?srsltid=AfmBOoolqd8Yck2UqrXtL7SkN_UM9shwKfSQkUh8Jp4g_NLKqHCmRKsR

70 S. Stefania, G. E. Torrens, F. Yang, S. Hanim Binti Suroya, & Y. Wang, "Medical Device or Fashion Accessory? A Case Study of a Redesigned Child's Prosthetic Upper Limb Applying Principles of Perception and Semantics to Reframe Social Acceptance", *Proceedings of the International Conference on Engineering Design*, Bordeaux, France, 2023. 7, pp.24-28.

71 M. E. Roach-Higgins, & J. B. Eicher, "Dress and Identity", *Clothing and Textiles Research Journal*, Vol.10, No.4, 1992, pp.1-8.

72 이수영, "보조기구도 패션이 될 수 있을까", 『온큐레이션』, 2024. 8. 18.

73 김민령, 「포스트휴먼과 장애 아동의 신체성 – 아동청소년 SF 서사를 중심으로」, 『아동청소년문학』 제29권, 2021, pp.269-299.

74 이수영, 같은 글.

75 M. M. Janannathan, "This design duo turns prosthetic limbs into works of art", New York Post, 2018. 7. 6.

76 김민령, 같은 글.

77 주디스 버틀러, 윤조원 역, 『위태로운 삶』, 필로소픽, 2018.

78 최진희, 이미숙, 「크리스티앙 디올 '뉴 룩(New Look)'의 계승과 재해석에 관한 연구」, 『복식학회』 제67권 2호, 2017, pp.68-87.

79 C. Schwanz, "Thanks! It has pockets!", Medium, 2018.

80 최진희, 이미숙, 같은 글.

81 Y. Kawamura, *Fashion-ology*, Bloomsbury, 2018, pp.65-66.

82 P. Di Trocchio, "Christian Dior evening ensemble autumn-winter, profile line collection 1952", National Gallery of Victoria, 2015. 4. 25.

83 앨리슨 밴크로프트, 이미경 역, 『패션과 정신분석학』, 구민사, 2019.

84 S. Mower, "Christian Dior Fall 2003 Ready-to-wear", Vogue Runway, 2003. 3. 5.

85 A. C. Madsen, "새로운 에너지를 불어넣은 디올 크리에이티브 디렉터 마리아 그라치아 키우리", Vogue, 2023. 2. 20.

86 F. Storr, "Why Maria Grazia Chiuri made Dior a family business", Elle, 2021. 8. 10.

87 S. E. McComb, & J. S. Mills, "The Effect of Physical Appearance Perfectionism and Social Comparison to Thin-, Slim-Thick-, and Fit-Ideal Instagram Imagery on Young Women's Body Image", *Body Image*, Vol.40, 2022, pp.165-175.

88 A. Belmonte, K. M. Hopper, & J. S. Aubrey, "Instagram Use and Endorsement of a Voluptuous Body Ideal: A Serial Mediation Model", *Sex Roles: A Journal of Research*, Vol.90, No.2, 2024, pp.294-304.

89 D. Thomas, "Valley of the sex dolls", Dana Thomas, 2024. 2. 3.

90 윤승현, "'바비'는 어떻게 디자이너를 매혹시켰는가", Vogue, 2023. 4. 12.

91 J. B. Paoletti, *Pink and Blue: Telling the Boys from the Girls in America*, Indiana University Press, 2012.

92 S. Stamberg, "Girls are taught to 'think pink', but that wasn't always so", Wbur, 2014. 4. 1.

93 A. Broadway, "Pink wasn't always girly", The Atlantic, 2013. 8. 12.

94 J. Maglaty, "When did girls start wearing pink?", Smithsonian Magazine, 2011. 4. 7.

95 K. Weekman, "Gen Z is reclaiming a once-derogatory word to challenge how society treats women: 'Become everything men want'", Yahoo!life, 2021. 3. 18.

96 C. Reilly, "Hyperfemininity isn't a trend - It's a movement", Nylon, 2022. 6. 30.

97 J. M. Ussher, *Fantasies of Femininity: Reframing the Boundaries of Sex*, Rutgers University Press, 1997.

98 I. Kaplan, "The psychology of "Sad Girl" pop: Why music by Billie Eilish, Gracie Abrams, Olivia Rodrigo & more is resonating so widely", Grammy Awards, 2022. 7. 14.

99 주디스 버틀러, 백소하, 허성원 역, 「취약성과 저항을 재사유하기」, 『문화과학』 제108권, 2021, pp.315-338.

100 R. L. Cosslett, "The feminist politics behind Lana Del Rey's sad girl persona", Vogue British, 2023. 4. 1.

101 김영현, "과거로 회귀하는 탈레반…"여성은 외출시 부르카로 얼굴 가려라"", 『연합뉴스』, 2022. 5. 7.

102 권현주, 「무슬림 여성들의 가리개, 히잡에 관한 연구」, 『패션과 니트』 제15권 3호, 2017, pp.95-106.

103 김지윤, "프랑스의 '얼굴 가림 금지법'", 『아트인사이트』, 2021. 10. 22.

104 U. Arshad, "Why we need more shows like 'The Bold Type.'", The Washington Post, 2017. 9. 5.

105 김현주, 김혜연, 한설아, 전진수, 「중동의 사회문화적 배경에 따른 무슬림 여성 패션 연구」, 『디자인학연구』 제25권 2호, 2012, pp.147-156.

106 고찬유, "히잡 안 쓰는 무슬림 여성들 '히잡은 억압 아닌 선택.'", 『한국일보』, 2020. 7. 23.

107 구기연, 「국제 사회의 여성 인권 규범과 이슬람권 내 페미니즘의 흐름과 동향: 아프가니스탄과 이란 사례를 중심으로」, 『아시아리뷰』 제12권 1호, 서울대학교 아시아연구소, 2022, pp.67-98.

108 김민자, 『복식미학: 패션을 보는 시각과 패션에 대한 생각』, 교문사, 2013.

109 R. T. Ford, *Dress Codes: How the Laws of Fashion Made History*, Simon & Schuster, 2021.

110 유니야 가와무라, 임은혁, 권지안, 김솔휘, 김현정, 박소형, 범서희, 이명선, 정수진 역, 『패셔놀로지』, 사회평론아카데미, 2022.

111 주디스 버틀러, 조현준 역, 『젠더 트러블』, 문학동네, 2008.

112 M. E. Roach-Higgins, & J. B. Eicher, 같은 글.

113 B. Barry, & D. Martin, "Gender Rebels: Inside the Wardrobes of Young Gay Men with Subversive Style", *Fashion, Style & Popular Culture*, Vol.3, No.2, 2016, pp.225-250.

114 주디스 핼버스탬, 유강은 역, 『여성의 남성성』, 이매진, 2015.

115 주디스 핼버스탬, 같은 책.

116 아장맨, "'드랙킹' 퍼포머의 정체성에 관하여", 『일다』, 2018. 9. 27.

117 주디스 버틀러, 같은 책.

118 O. Petter, "Sam Smith reveals he had liposuction at the age of 12 in candid interview with Jamela Jamil", Independent, 2019. 3. 15.

119 G. Castillo, "Sam smith show how much he loves being who they really are in stunning photo shoot", Cultura Colectiva, 2023. 3. 30.

120 김현정, 임은혁, 「바흐친의 그로테스크 몸 담론을 통한 리 보워리의 작품 분석」, 『복식문화학회』 제26권 6호, 2018, pp.823-835.

121 F. Granata, "Leigh Bowry and Judith Butler: Between Performance and Performativity", in A. Kollnitz & M. Pecorari (Eds.), *Fashion, Performance, & Performativity*, Bloomsbury, 2022, pp.27-40.

122 S. Bowenbank, "Kim Petras was 'sweating' hiding under Sam Smith's dress for 'SNL' performance", Billboard, 2023. 1. 24.

123 앨리슨 밴크로프트, 같은 책.

124 F. Granata, 같은 글.

125 앨리슨 밴크로프트, 같은 책.

126 임소연, 『신비롭지 않은 여자들』, 민음사, 2022.

127 V. Friedman, “Fashion’s woman problem”, The New York Times, 2018. 5. 20.

128 International Labour Organization, “How to achieve gender equality in global garment supply chain”, 2023.

129 C. Cotner, & M. Burkley, “Queer Eye for the Straight Guy: Sexual Orientation and Stereotype Lift Effects on Performance in the Fashion Domain”, *Journal of Homosexuality*, Vol.60, No.9, 2013, pp.1336–1348.

130 A. Stokes, “The Glass Runway: How Gender and Sexuality Shape the Spotlight in Fashion Design”, *Gender & Society*, Vol.29, No.2, 2015, pp.219-243.

131 J. Goudreau, “A new obstacle for professional women: The glass escalator”, Forbes, 2012. 7. 23.

132 A. Stokes, 같은 글.

133 A. Stokes, 같은 글.

134 레디앙, “게이들의 연애는 풍요의 증진 레즈비언 연애는 궁핍의 번식”, 2010. 6. 9.

135 강오름, 「LGBT, 우리가 지금 여기 살고 있다: 현대 한국의 성적소수자와 공간」, 『비교문화연구』 제21권 1호, 2015, pp.5-50.

136 G. Driver, “The first transgender designer just showed at New York Fashion Week AW19”, Elle, 2019. 2. 6.

137 A. Eser, “Diversity in fashion statistics: Lack of inclusivity revealed”, Worldmertics, 2024. 7. 23.

138 The Fashion Spot, “Report: Fashion Month Spring 2022 is officially the most racially diverse season ever as size, age, and gender representation see slight gains”, 2021. 10. 28.

139 P. Jobling et al., 같은 책.

140 H. McDonough, “Transgender representation in fashion”, Mindless Mag, 2020. 2. 11.

141 C. L. Williams, "The glass escalator, revisited: Gender inequality in neoliberal times, SWS feminist lecturer", *Gender & Society*, Vol.27, No.5, 2013, pp.609-629.

142 M. Sung, "The 'queer aesthetic' is deeper than rainbow merch", Mashable, 2021. 6. 13.

143 D. Czepanski, "Rainbow Washing Is A Thing, Here's Why It Needs To Stop", The Urban List, 2022. 2. 4.

144 B. Kennedy, "Is Harry Styles 'queerbaiting'?", The Week, 2022. 9. 2.

145 M. Lenthang, "Harry Styles Opens Up About Why He Has Never Publicly Labeled His Sexuality", NBC News, 2022. 8. 23.

146 J. J. Lee, "Dolphin social networks show first hints of culture", NBC News, 2012. 8. 1.

147 M. Elhichou, "A new luxury: Deconstructing fashion's colonial episteme", *Luxury*, Vol.8, No.2, 2021, pp.213-227.

148 이명선, 임은혁, 「현대 패션산업에 나타난 문화 전유와 재현」, 『한국복식학회』 제70권 4호, 2020, pp.54-64.

149 M. Elhichou, 같은 글.

150 Y. Kawamura, *Cultural appropriation in fashion and entertainment*, Bloomsbury, 2022.

151 김지은, 「현대패션에 나타난 문화 전유와 문화다양성 가치추구」, 『한국디자인포럼』 제26권 2호, 2021, pp.191-204.

152 이세리, 「현대패션에 제기된 문화 전유」, 『디자인학연구』 제32권 2호, 2019, pp.137-151.

153 C. Semaan, "A Fashion Designer and an Activist Talk Cultural Appropriation: What is a designer responsible for, beyond the aesthetic of a collection?", The Cut, 2018. 3. 9.

154 냰시 프레이저, 같은 책.

155 Z. R. Ahmed, “The roles of Muslim women and the ‘Prevent Agenda’”, in M. Farrar, S. Robinson, Y. Vallil, & P. Wetherly (Eds.), *Islam in the West: Key issues in multiculturalism*, Palgrave Macmillan, 2012.

156 C. Jones, & A. M. Leshkowich, “Introduction: The globalization of Asian dress: Re-orienting fashion or re-orientalizing Asia?”, in S. Niessen, A. M. Leshkowich, & C. Jones (Eds.), *Re-orienting fashion: The globalization of Asian dress*, BERG, 2003.

157 M. Elhichou, 같은 글.

158 유니야 가와무라, 임은혁, 권지안, 김솔휘, 김현정, 박소형, 범서희, 이명선, 정수진 역, 『패셔놀로지』, 사회평론아카데미, 2022.

159 고윤정, 임은혁, 「현대 외국인 작가의 삽화에 나타난 한복 이미지 - 2000년대 이후 출판된 아동도서를 중심으로」, 『복식문화학회』 제29권 3호, 2021, pp.328-345.

160 Y. J. Ko, & E. Yim, “Traditional dress in fashion: Navigating between cultural borrowing and appropriation”, *International Journal of Fashion Design*, Technology and Education, 2023.

161 이지은, 임은혁, 「국내 라이선스 패션 잡지에 나타난 한복 이미지 - 후기식민주의 관점을 중심으로」, 『한국의류학회』 제48권 4호, 2024, pp.615-631.

162 Kpeecee, “AURORA HAIK CONCERT, FULL PERFORMANCE, (SUBTITLES)(CC)(HD)”, Youtube, 2019. 11. 23, https://www.youtube.com/watch?v=8un_miodCoo

163 이명선, 임은혁, 같은 글.

164 S. Baizerman, J. B. Eicher, & C. Cerny, “Eurocentrism in the study of ethnic dress”, *The Journal of the Costume Society of America*, Vol.20, No.1, 1993, pp.19-32.

165 A. Turra, “LVMH’s Institut des Métiers d’Excellence introduce new training programs in Italy”, WWD, 2019. 7. 4.

166 A. Serafin, “Chanel gathers its métiers d’art ateliers under one roof”,

Wallpaper, 2022. 8. 14.

167 김유민, “청와대에 드러누운 한혜진… 박술녀 “그게 한복인가?””, 『서울신문』, 2022. 8. 29.

168 김예나, “최응천 문화재청장 “경복궁 근처 ‘국적 불명 한복’ 개선할 것””, 『연합뉴스』, 2024. 5. 16.

169 C. Jose, “Issey Miyake’s ‘Enclothe’ lets you wear a piece in multiple ways, your way”, Lifestyle.INQ.

170 S. Sarandrea, “Five things fashion should learn from Issey Miyake”, Istituto Marangoni, 2022. 9. 7.

171 명수진, “편재한 종이를 패션으로 해석하는 방법, 25 SS 이세이 미야케 컬렉션”, 『더블유코리아』, 2024. 9. 30.

172 조정미, 「일본 패션디자이너들의 서구 패션계 진출 전략에 대한 연구」, 『한국디자인포럼』 제24호, 2009, pp.19-28.

173 임은혁, 「한국복식과 서구복식에 나타난 몸과 복식에 관한 전통적인 시각 비교」, 『한국복식문화연구』 제19권 3호, 2011, pp.501-517.

174 송옥진, “영부인도 들었다...비건 가죽 찾는다면 ‘한지 가죽’ 어때요?”, 『한국일보』, 2021. 11. 12.

175 T. Ahmed, “What is education in fashion? Reflecting on the coloniality of design techniques in the fashion design educational process”, *International Journal of Fashion Studies*, Vol.9, No.2, 2022, pp.401-412.

176 전성민, “[전성민의 문화살롱] 한복, 아는 만큼 보인다…체계적 교육으로 K-패션 더욱 널리 알려야”, 『아주경제』, 2024. 6. 10.

177 M. R. Melchior, “Catwalking the nation: Challenges and possibilities in the case of the Danish fashion industry”, *Culture Unbound*, Vol.3, 2011, pp.55-70.

178 정혜정, “세계서 가장 건조한 사하라 사막에 호수 생겨…“기상 이변””, 『중앙일보』, 2024. 10. 12.

179 하랄드 벨처, 윤종석 역, 『기후전쟁』, 영림카디널, 2010.

180 배정철, "한철 입고 버린 옷, 썩지 않는 쓰레기산 된다", 『한국경제』, 2022. 11. 17.

181 송가은, "의류 폐기물이 유발하는 환경 문제", 『광주드림』, 2023. 5. 26.

182 M. Igini, "10 Concerning fast fashion waste statistics", Earth.org, 2022. 8. 2.

183 C. Dean, "Waste - is it 'really' in fashion?", Fashion Revolution, 2019.

184 M. Igini, 같은 글.

185 X. Long, & L. Gui, "Waste not want not? The environmental implications of quick response and upcycling", *Manufacturing & Service Operations Management*, Vol.26, No.2, 2023, pp.612-631.

186 정민경, "패션의 재고 예측은 가능한가...'재고 관리에 대한 다른 생각'", 『어패럴뉴스』, 2023. 9. 18.

187 배정철, ""무재고 실험까지"...넘치는 재고에 골치썩는 패션업계", 『한국경제』, 2022. 6. 15.

188 김경학, "유럽연합 에코디자인 규정 18일 발효..."재고 관리 체계 재고해야"", 『경향신문』, 2024. 7. 11.

189 G. P. Cachon, & R. Swinney, "The value of fast fashion: Quick response, enhanced design, and strategic consumer behavior", *Management Science*, Vol.57, No.4, 2011, pp.778-795.

190 G. P. Cachon, & R. Swinney, 같은 글.

191 G. P. Cachon, & R. Swinney, 같은 글.

192 H. Salessy, "These Alexander McQueen creations prove that upcycling is the future of fashion", Vogue France, 2020. 4. 15.

193 김선영, 「융합적 리디자인 사고에 의한 빅터 앤 롤프의 패션 작품 특성과 의미」, 『한국과학예술융합학회』 제40권 2호, 2022, pp.57-71.

194 문현호, "재고 없애고 친환경도 얻고…'업사이클링'에 빠진 패션업계", 『이투데이』, 2024. 2. 9.

195 K. Koch, "Clothing upcycling, textile waste and the ethics of the global fashion industry", *ZoneModa Journal*, Vol.9, No.2, 2019, pp.173-184.

196 J. Carey, "What are the disadvantages of upcycling? The facts about upcycling", Creativty Chronoicles.

197 S. Kent, "Why are luxury brands waging war on the 'upcycled' clothing market?", CNN, 2024. 5. 13.

198 X. Long, & L. Gui, 같은 글.

199 K. Koch, 같은 글.

200 곤도 마리에, 홍성민 역, 『설레지 않으면 버려라』, 더난출판사, 2016.

201 A. Santi, "Can clothes ever be fully recycled?", BBC, 2023. 2. 28.

202 E. Bryce, "Are clothes made from recycled materials really more sustainable?", The Guardians, 2021. 11. 6.

203 K. Niinimaki, G. Peters, H. Dahlbo, P. Perry, T. Rissanen, & A. Gwilt, "The environmental price of fast fashion", *Nature Reviews Earth & Environment*, Vol.1, 2020, pp.189-200.

204 곽은영, "옷 한 벌 빨 때마다 미세섬유 70만개 발생… 바다는 미세플라스틱 저장고", 『더우먼타임즈』, 2023. 3. 22.

205 EBS_LIFESTYLE, "버려진 페트병으로 옷을 만든다! 페트병의 환골탈태 '플라스틱 재생 섬유'", Youtube, 2019. 4. 6, https://youtu.be/1rGSle4hICs

206 김민욱, 김찬우, 박지은, 이승균, 고석주, 오유나, 「AI 비전 시스템과 모바일 앱 연계를 통한 참여형 투명 페트병 회수 플랫폼 구축」, 『2024 한국정보기술학회 하계 종합학술대회 논문집』, 2024.

207 H. Cao, K. Cobb, M. Yatvitskiy, M. Wolfe, & H. Shen, "Textile and product development from end-of-use cotton apparel: A study to reclaim value from waste”, *Sustainability*, Vol.14, 2022.

208 이새벽, “플라스틱, 재활용이 능사가 아니라 생산을 줄여야 해”, 『Lifein』, 2024. 4. 10.

209 M. Elhichou, 같은 글.

210 M. Elhichou, 같은 글.

211 아이우통 크레나키, 박이대승, 박수경 역, 『세계의 종말을 늦추기 위한 아마존의 목소리』, 오월의봄, 2024.

212 United Nations Convention to Combat Desertification, “Witnessing an environmental catastrophe: Reflections from the dried-up Aral sea”, 2024. 3. 21.

213 섬유 염료로 인한 오염은 <Riverblue>와 같은 다큐멘터리에서 자세히 다루고 있다. 이외에도 K. Webber, “How fast fashion is killing rivers worldwide”, Eco Watch, 2017. 5. 22. / A. France-Presse, “Pollution turns Argentina lake bright pink”, Voanews, 2021. 7. 25. 등 여러 기사에서 관련 내용을 확인할 수 있다.

214 Textile Exchange, “Rayon”, https://textileexchange.org/glossary/rayon/

215 T. Kim, D. Kim, & Y. Park, “Recent progress in regenerated fibers for ‘green’ textile products”, *Journal of Cleaner Production*, Vol.376, 2022.

216 S. Zhang, C. Chen, C. Duan, H. Hu, H. Li, J. Li, Y. Liu, X. Ma, J. Stavik, & Y. Ni, “Regenerated cellulose by the lyocell process, a brief review of the process and properties”, *Bioresources*, Vol.13, No.2, 2018, pp.4577-4592.

217 E. Thomson, “Hidden deforestation in the fashion industry: How sustainable is “sustainable” fabric?”, Forest 500, 2019. 9. 13.

218 PEFC, “Fashion’s forest footprint: PEFC at Innovation Forum.”, 2020. 5. 27.

219 United Nation, “Forests – a lifeline for people and planet.”, https://www.un.org/pt/desa/forests-%E2%80%93-lifeline-people-and-planet

220 박의래, “美기후단체, 인니 니켈채굴 확대에 “대규모 열대림 벌목 위기””, 『연합뉴

스』, 2024. 1. 18.

221 한국사회책임투자포럼, “기후변화 다음은 생물다양성…국내 기업 대응 시급”, 2024. 5. 22.

222 이태미, “자라, 美 폐섬유 재활용 기업 ‘설크’와 두 번째 컬렉션”, 『한국섬유신문』, 2024. 8. 19.

223 조너선 새프런 포어, 송은주 역, 『우리가 날씨다』, 민음사, 2020.

224 손아영, “양은 스스로 털갈이를 할 수 있을까?”, 『뉴스펭귄』, 2022. 5. 12.

225 이후림, “아직도 모피 사용하는 럭셔리브랜드는? 패션위크 앞두고 중단 촉구”, 『뉴스펭귄』, 2024. 2. 15.

226 안건호, “다신 볼 일 없을 줄로만 알았던 모피가 돌아왔다”, 『보그코리아』, 2024. 4. 1.

227 안건호, 같은 글.

228 D. Kelly, “Did Schiaparelli’s animal heads go too far?”, Hypebeast, 2023. 1. 23.

229 K. Khurana, & S. S. Muthu, “Are low- and middle-income countries profiting from fast fashion?”, *Journal of Fashion Marketing and Management: An International Journal*, Vol.26, No.2, 2021, pp.289-306.

230 임은혁, 예민희, 허민, 이지은, 고윤정, 김희량, 『유행과 전통 사이, 서울 패션 이야기』, 시대의창, 2024.

231 박경민, “한국 섬유산업의 과거 현재 그리고 미래”, 『국제섬유신문』, 2023. 2. 10.

232 T. Michels, “Uprising of 20,000”, Libcom, 2014.

233 구대선, “섬유노동자 애환 그린 <대구, 섬유 그리고 여성> 발간”, 『한겨레』, 2019. 10. 20.

234 임은혁, 예민희, 허민, 이지은, 고윤정, 김희량, 같은 책.

235 T. Kollbrunner, “Toiling away for Shein”, Public Eye, 2021.

236 W. Friedheim, “Heaven will protect the working girl: Viewer;s guide to the 30-minute documentary by the American Social History Project”, Social History Production, 2007.

237 구대선, 같은 글.

238 D. Davoine, “Gearing up for more women leaders in the garment sector in Vietnam”, World Bank Blogs, 2021. 7. 28.

239 M. B. Bose, “Ties that bind: Fashion, textiles, and gendered labour in South Asia today”, *South Asian History and Culture*, Vol.15, 2024, pp.1-10.

240 안드레아스 말름, 위대현 역, 『화석자본』, 두번째테제, 2023.

241 예민희, 임은혁, 「패션투어리즘에서의 패션박물관의 역할」, 『패션비즈니스』 제23권 2호, 2019, pp.34-47.

242 김도담, “‘우리가 버린 옷’은 개발도상국으로 수출돼 소 먹이가 됐다”, 『뉴스펭귄』, 2021. 7. 2.

243 A. Brooks, *Clothing poverty*, Zed Books, 2015.

244 Greenpeace Germany, “Poisoned Gifts - From donations to dumpsite: textile waste disguised as second-hand clothes exported to East Africa”, 2022.

245 나명진, “버려지는 옷들 ‘어디로 갈까’”, 『뉴스트리』, 2021. 9. 27.

246 L. Besser, “Dead white man’s clothes”, ABC news, 2021. 10. 22.

247 이도연, “가나 중고의류 시장서 하루에 옷 100t 폐기...EU에 대책촉구”, 『연합뉴스』, 2023. 6. 1.

248 C. H. Ng et al., “Plastic waste and microplastic issues in Southeast Asia”, Frontiers in Environmental Science, 2023.

249 이도연, 같은 글.

250 박진영, “합성섬유 완전 분해 200년 걸려...‘패스트 패션’ 폐해 심각”, 『세계일보』,

2021. 12. 4.

251 민영규, “필리핀서 “한국 쓰레기 되가져가라” 시위...한국 “조처하겠다””, 『연합뉴스』, 2018. 11. 16.

252 최병성, 『일급 경고: 쓰레기 대란이 온다』, 이상북스, 2020.

253 A. Brooks, 같은 책.

254 서혜림, “중국, 작년 온실가스 배출 1위…한국은 13번째로 많이 배출”, 『연합뉴스』, 2023. 12. 2.

255 김규남, 기민도, 남종영, “기후위기 책임 가장 큰 나라는? 미국-중국 ‘네 탓’, 한국 18위”, 『한겨레』, 2022. 11. 6.

256 에너지경제연구원, “세계에너지시장 인사이트, 15-26호”, 2015.

257 서혜림, 같은 글.

258 염규배, “2022년 세계 의류 수출 1위 중국, 방글라데시 2위”, 『국제섬유신문』, 2023. 8. 11.

259 유재부, “의류 제조업체, 중국 공급망과 단절 어려운 이유”, 『패션인사이트』, 2023. 11. 7.

260 V. Whalen & ACE Fellow, “Fast fashion and climate change 101”, Action for the Climate Emergency, 2022. 6. 17.

261 안우찬, “의류업계, 환경파괴 책임론...ESG경영으로 돌파”, 『ESG경제』, 2023. 5. 15.

262 K. Niinimaki, G. Peters, H. Dahlbo, P. Perry, T. Rissanen, & A. Gwilt, “The environmental price of fast fashion”, *Nature Reviews Earth & Environment*, Vol.1, 2020, pp.189-200.

263 A. Malik, & J. Lan, “The role of outsourcing in driving global carbon emissions”, *Economic Systems Research*, Vol.28, No.2, 2016, pp.168-182.

264 KDI 경제정보센터, “오늘날의 자본주의가 있기까지”, 2023.

265 LVMH, "Our 75 maisons", https://www.lvmh.com/our-maisons

266 Kering, "Houses", https://www.kering.com/en/houses/

267 J. Ha-Brookshire, "Toward moral responsibility theories of corporate sustainability and sustainable supply chain", *Journal of Business Ethics*, Vol.145, 2017, pp.227-237.

268 명재규, 「ESG 도입의 목적론적 체계의 한계, 대안」, 『경영학연구』 제51권 5호, 2022, pp.1271-1296.

269 N. Egels-Zandén, & N. Hansson, "Supply chain transparency as a consumer or corporate tool: The case of Nudie Jeans Co.", *Journal of Consumer Policy*, Vol.39, 2016, pp.377-395.

270 H. Richards, "Rethinking value: 'radical transparency' in fashion", *Continuum: Journal of Media & Cultural Studies*, Vol.35, No.6, 2021, pp.914-929.

271 Y. V. Huegten, "Sustainable clothing brand Patagonia manufactures in the same factories as fast-fashion: textile workers are being exploited", Human Trafficking Search, 2023.

272 전성원, "산업재해와 '국가의 실패'", 『경향신문』, 2017. 7. 10.

273 Good on you, "Brand ratings", https://goodonyou.eco/

274 World Benchmarking Alliance, "Corporate Human Rights Benchmark", https://www.worldbenchmarkingalliance.org/corporate-human-rights-benchmark/

275 Business of Fashion, "The BoF Sustainability Index", https://pages.businessoffashion.com/sustainability-index-metrics-and-guidelines/

276 Textile Exchange, "Material Change Index", https://textileexchange.org/material-change-index/

277 Know The Chain, "2022-2023 Benchmark", https://knowthechain.org/benchmark/

278 C. Lucarelli, & S. Severini, “Anatomy of the chimera: Environmental, social, and governance ratings beyond the myth”, *Business Strategy and the Environment*, Vol.33, No.5, 2023, pp.4198-4217.

279 E. Avetisyan, & K. Hockerts, “The consolidation of the ESG rating industry as an enactment of institutional retrogression”, *Business Strategy and the Environment*, Vol.26, No.3, 2017, pp.316-220.

280 신명직, “최저시급 260원을 강요하는 국경-공정무역은 국경의 민주화”, 『Lifein』, 2021. 3. 31.

281 손안나, “환경 다큐 PD 김가람은 아직 지구에 희망이 있다고 믿는다”, 『하퍼스바자 코리아』, 2021. 9. 12.

282 M. L. F. M. Lennan, E. F. Tiago, & C. E. C. Pereira, “Technological and non-technological trends in fashion eco-innovations”, *Innovation & Management Review*, Vol.20, No.1, 2023, pp.60-75.

283 찰스 무어, 커샌드라 필립스, 이지연 역, 『플라스틱 바다』, 미지북스, 2013.

284 전우용, “주식회사를 떠받치는 자본주의”, 『경향신문』, 2019. 9. 9.

285 낸시 프레이저, 같은 책.

286 S. Jang, “기후변화와 정신건강, 기후 우울증”, 『정신의학신문』, 2024. 3. 15.

287 R. A. Lertzman, “The myth of apathy: Psychoanalytic explorations of environmental subjectivity”, in W. Sally (Ed.), *Engaging with Climate Change: Psychoanalytic and Interdisciplinary Perspectives New Library of Psychoanalysis ‘Beyond the Couch’ Series*, Routeledge, 2013.

288 정수진, 임은혁, 「지속가능성을 위한 패션 액티비즘 - 소셜 미디어를 중심으로」, 『복식문화연구』 제28권 6호, 2020, pp.815-829.

289 R. Haenfler, B. Johnson, & E. Jones, “Lifestyle movements: Exploring the intersection of lifestyle and social movements”, *Social Movement Studies*, Vol.11, No.1, 2012, pp.1-20.

290 R. Haenfler, B. Johnson, & E. Jones, 같은 글

291 H. Balazard, M. Carrel, S. Kaya, & A. Pruenne, “Anti-racism mobilization in France: Between quiet activism and awareness raising”, *Ethnic and Racial Studies*, Vol.46, No.4, 2023, pp.771-787.

292 K. Sark, & A. Sara, “Fashion activism of Extinction Rebellion and Fashion Act Now”, *Fashion Theory*, Vol.28, No.1, 2024, pp.35-58.

293 N. Ditomaso, “Rethinking ‘woke’ and ‘integrative’ diversity strategies: Diversity, equity, inclusion – and inequality”, *Academy of Management Perspectives*, Vol.38, No.2, 2024, pp.225-244.

294 김엘리, 「정체성의 정치에서 횡단의 정치로: 『젠더와 민족』」, 『The Journal of Asian Women』 제52권 1호, 2013, pp.193-200.

295 니라-유발 데이비스, 박혜란 역, 『젠더와 민족』, 그린비, 2012.

296 N. Yuval-Davis, “Women, ethnicity and empowerment”, *Feminism & Psychology*, Vol.4, No.1, 1994, pp.179-197.

297 N. Yuval-Davis, *The politics of belonging*, SAGE Publications, 2011.

298 A. F. Valentim, “Tree fashion and rhizome fashion: Perspectives to think about fashion”, in A. C. Broega, J. Cunha, H. Carvalho, & B. Providência (Eds.), *Advances in Fashion and Design Research: Proceedings of the 5th International Fashion and Design Congress*, Springer, 2022, pp.39-51.

299 에치오 만치니, 조은지 역, 『모두가 디자인하는 시대: 사회혁신을 위한 디자인 입문서』, 안그라픽스, 2016.

300 V. Friedman, “Balenciaga Goes Where Fashion Hasn’t Dared Go Before”, The New York Times, 2022. 3. 7.

패션은 무엇을 할 수 있는가

초판 1쇄 발행 2025년 5월 26일

지은이 김희량
펴낸이 강수걸
편집 이소영 강나래 이선화 이혜정 오해은 한수예 유정의
디자인 권문경 조은비
펴낸곳 산지니
등록 2005년 2월 7일 제333-3370000251002005000001호
주소 부산시 해운대구 수영강변대로 140 BCC 626호
전화 051-504-7070 | 팩스 051-507-7543
홈페이지 www.sanzinibook.com
전자우편 sanzini@sanzinibook.com
블로그 http://sanzinibook.tistory.com

ISBN 979-11-6861-461-1 03590

* 책값은 뒤표지에 있습니다.
* 잘못 만들어진 책은 구입처에서 교환해드립니다.

<패션은 무엇을 할 수 있는가>
알라딘 북펀드에 참여해주신 독자분들께 감사드립니다.

Yiihyun
강도희
강지현
고윤정
김동주
김미연
김민지
김서령
김수민
김애옥
김여울
김용운
김은혜
나진
남다예
노서영
류승균
류승아
문채원
민경희
박상언
박천희
백동현
부민지
부산소설가협회
서재희
서주현
성균관대 서윤진
솔
송희재
수인
승균이 아빠
엄마친구
유디
윤제현
윤혜정
이상미
이연숙
이지완
이지은
이현경
이현지
임은혁
장수 조혜원
전유민
정기범
조현진
지섭금호두뽀럭콩
지안
진경옥
진정연
추이수
콩재
현예진
화성에서 온 사나이
황현경